中国地质大学（武汉）实验技术研究项目资助
中国地质大学（武汉）教务处教学研究经费资助
湖北省高等学校省级教学研究项目（2009111）资助

层序、地震、地质综合解释实践教学

实习指导书

朱红涛　石万忠　编著

中国地质大学出版社有限责任公司
ZHONGGUO DIZHI DAXUE CHUBANSHE YOUXIAN ZEREN GONGSI

图书在版编目(CIP)数据

层序、地震、地质综合解释实践教学实习指导书/朱红涛，石万忠编著. —武汉：中国地质大学出版社有限责任公司，2011.5

ISBN 978-7-5625-2619-3

Ⅰ. 层…
Ⅱ. ①朱…②石…
Ⅲ. 地震地层学-高等学校-教学参考资料
Ⅳ. P539.1

中国版本图书馆 CIP 数据核字(2011)第 060460 号

层序、地震、地质综合解释实践教学实习指导书　　　**朱红涛　石万忠　编著**

责任编辑：王凤林　张晓红　胡珞兰　　　责任校对：张咏梅

出版发行：中国地质大学出版社有限责任公司(武汉市洪山区鲁磨路 388 号)　邮政编码：430074
电　话：(027)67883511　传　真：67883580　E-mail：cbb @ cug. edu. cn
经　销：全国新华书店　http://www. cugp. cug. edu. cn

开本：787 毫米×1 092 毫米 1/16　字数：103 千字　印张：4
版次：2011 年 5 月第 1 版　印次：2011 年 5 月第 1 次印刷
印刷：荆州市鸿盛印务有限公司　印数：1—1 000 册

ISBN 978-7-5625-2619-3　定价：10.00 元

前　言

《层序地层学》、《地震地质综合解释》、《石油构造分析》等课程是石油地质人才培养的重要专业基础课程，具有很强实践性、应用性的课程，其核心是基于地震资料的分析与应用，有效提取层序、沉积、构造、储层等地质信息。但是，目前国内地质院校的这些课程大多还是处于传统的教学模式，包括沿用国际经典层序地层剖面、采用典型的纸质地震剖面等方式。如何真正实现学生的三维高分辨率地震资料人机联作解释，弥补课堂理论教学所不能解决的实践动手能力，实现"教、学、练"教学过程一体化教学模式，是亟待解决的问题。

本指导书基于湖北省高等学校省级教学研究项目（层序、地震、地质综合解释理—实一体化实践教学模式构建，No:2009111），针对基于地震资料提取地质信息的相关课程的具体应用和需求，在多年科研和本科生、研究生相关课程实践教学中不断总结经验的基础上编写而成的。目的是加强学生对基本概念、基本原理和基本技能的理解和巩固，整体提高学生基于地震资料提取地质信息的动手操作技能。实习指导书主要包括解释工区的地震资料、钻井资料加载操作（以地震解释软件系统 GeoFrme 为例）；层序、地震、地质综合解释的操作步骤；构造图、地层等厚图、地震属性图的成图步骤、分析。通过实践教学环节的训练，加强对课程的"三基"理解、消化的基础上，达到以下教学目标：①了解人机联作的基本知识，工作站解释系统的熟悉与了解；②掌握地震解释软件的操作流程（工区加载、层位追踪、层序界面识别与解释、断层解释、断点组合）；③构造图、地层等厚图、地震属性图的成图及其分析；④掌握地震资料提取的相关图件的地质分析，熟悉构造—沉积一体化研究。在实践教学过程中，可以《层序地层学》、《地震地质综合解释》、《石油构造分析》等主干课程的不同侧重点，实施相应的、针对性的实践内容。

该实习指导书工区加载部分参考和引用了 Schlumberger 公司提供的部分学习资料，在此表示感谢。此外，由于编者水平有限，如有疏漏和不妥之处，恳请广大读者对书中的不当之处批评指正。

编　者

2011.4

目 录

第一章　地震工区资料加载
——以 GeoFrame 软件为例

1.1　创建新工区

1.1.1　打开 GeoFrame 软件

点击图 1－1 中的 GeoFrame 4.3 图标，打开 GeoFrame 软件，弹出如图 1－2 所示的 Project Manager 对话框。

图 1－1　GeoFrame 软件登陆界面

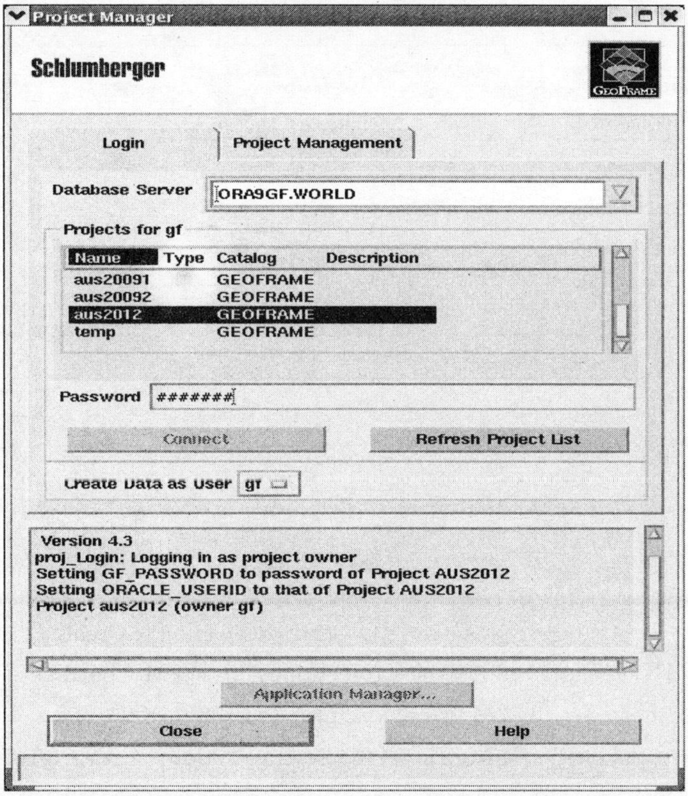

图 1－2　GeoFrame 软件 Project Manager 界面

1.1.2　建立一个新工区

1. 在 Project Manager 中，点击 Project Management→Create a new project，弹出 Edit Peoject Parameters 对话框(图 1-3)，在 Create a new project 中输入工程名(开头不能用数字)、密码、验证密码，点击 OK。在 Storage setting 中点击 OK。系统询问"是否做地震工程延展(Create charisma project extension)"，选择 NO→OK。

2. Edit Project Parameters(图 1-3)中 Unit/Coordinate System：

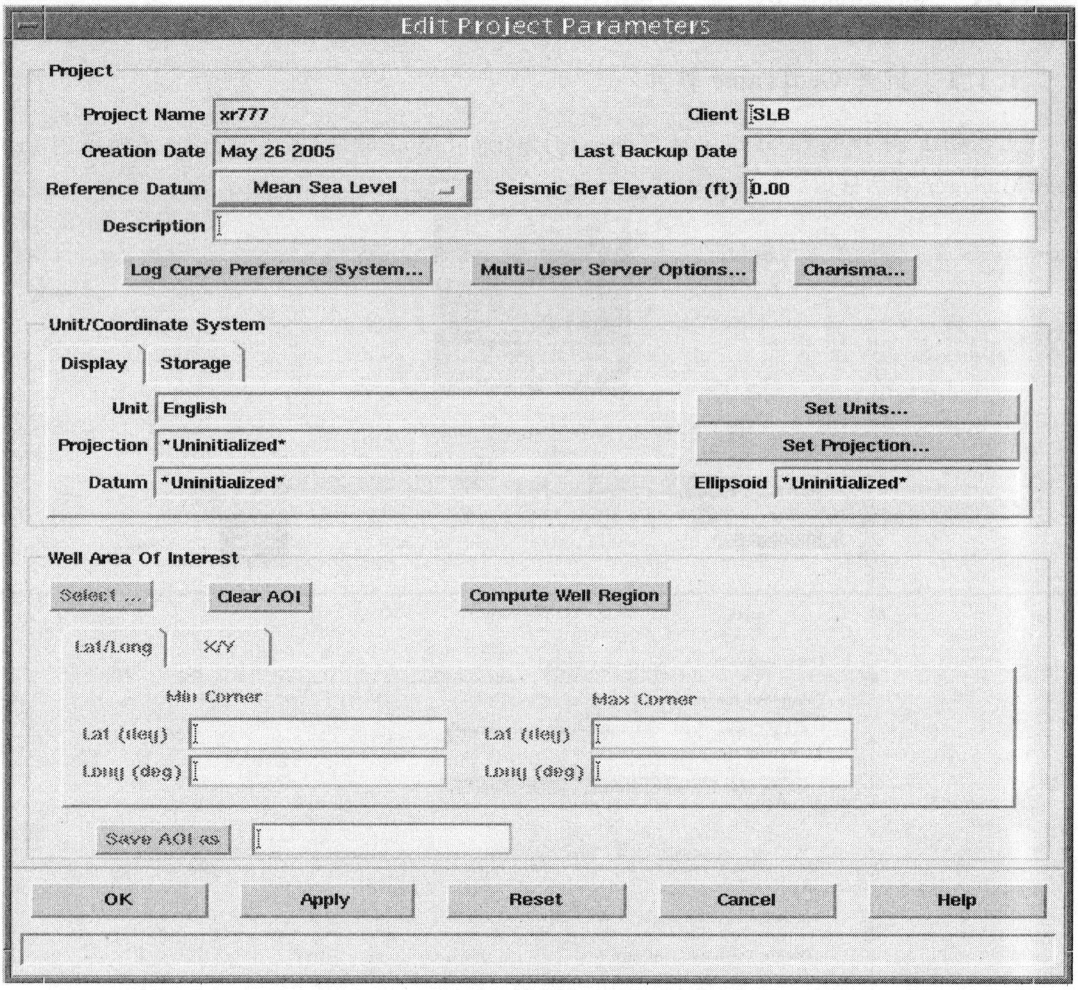

图 1-3　GeoFrame 软件 Edit Project Parameter 界面

(1) Display→Set Units→选 Metric→OK，Set Projection→Create，出现 Create Coordinate System 对话框(图 1-4)，在其中的 Projection 中选 UTM Coordinate Systems。Hemisphere 选项选 Northern Tg。UTM Zone Number 填写 50→OK。

(2) Storage→Set Units→选 Metric→OK，Set Projection→Create，在弹出的窗口中选择 UTM Coordinate Systems。选中 Hemisphere 中的 Northern Tg。UTM Zone Number 填写 50→OK。

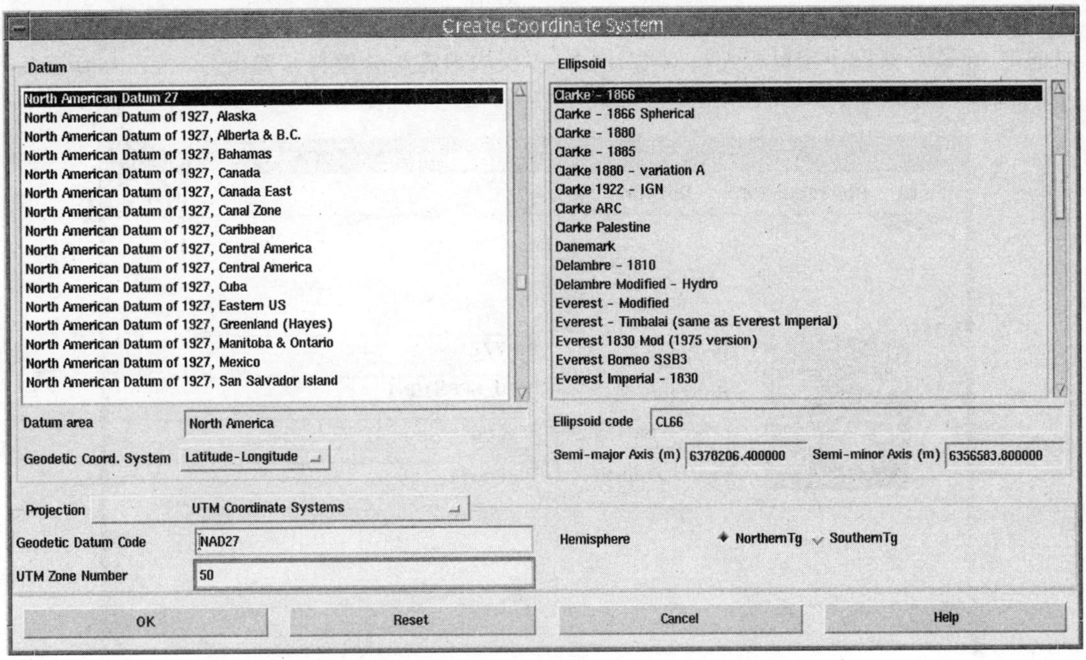

图 1-4　GeoFrame 软件 Create Coordinate System 界面

1.2　解释工区加载

1.2.1　三维解释工区加载

GreoFrame 软件中 Application Manager 界面如图 1-5 所示。

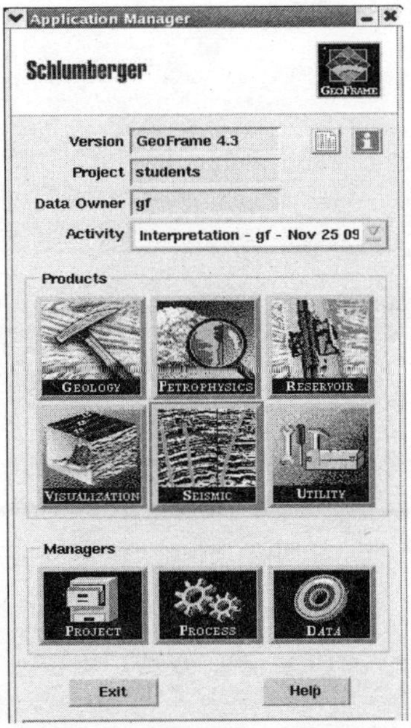

图 1-5　GeoFrame 软件 Application Manager 界面

1. 在应用管理对话框中(Application Manager)用鼠标左键单击 SEISMIC,出现 Seismic 对话框,在该对话框中用鼠标左键双击 IESX(多探测地震综合解释),弹出 IESX Session Manage 对话框(图 1-6)。

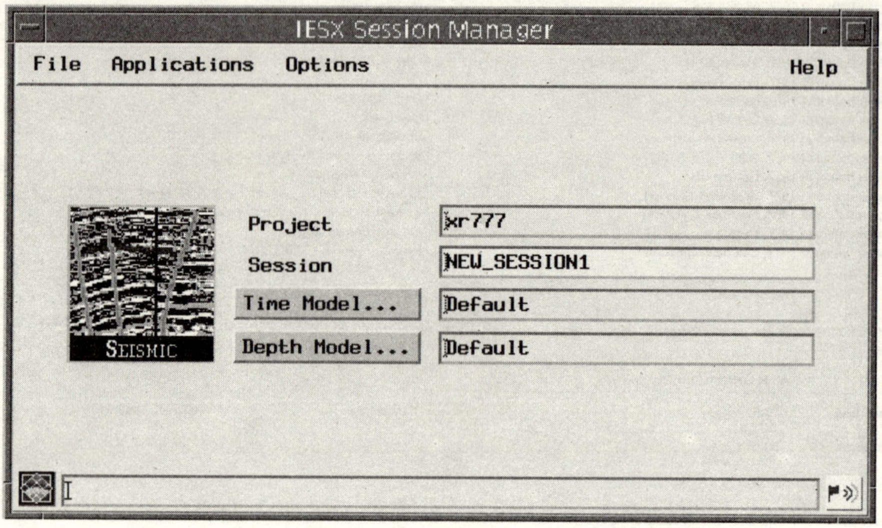

图 1-6　GeoFrame 软件 IESX Session Manager 界面

2. 在 IESX Session Manager 对话框中单击 Applications→Data Manage→Load Seismic,弹出 Load seismic trace data 对话框(图 1-7)。

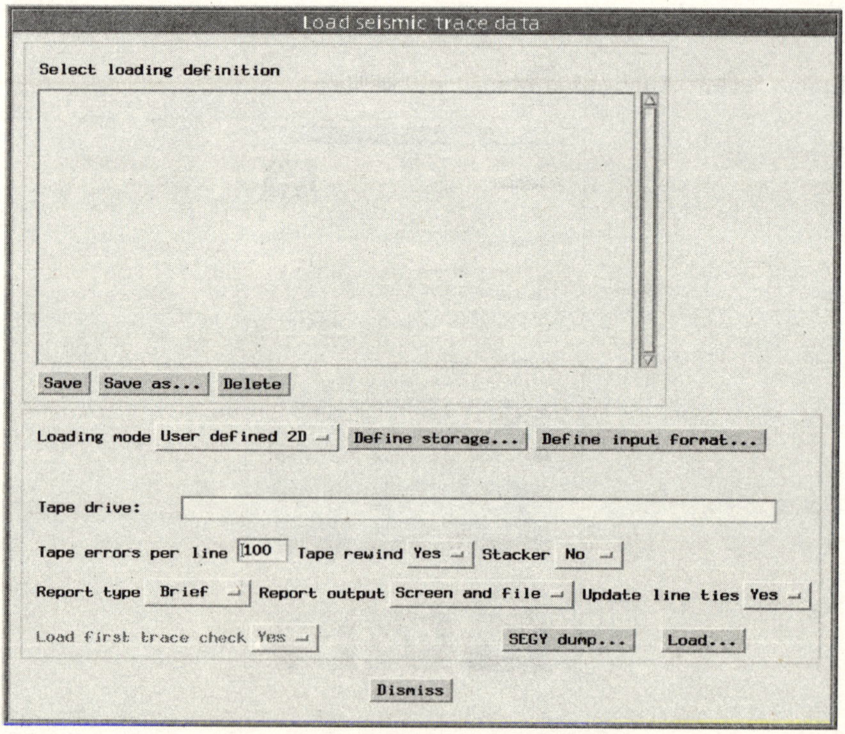

图 1-7　GeoFrame 软件 Load Seismic 界面

1)点击 Loading mode,选 User defined 3D。

2)点击 Define storage,出现 Define 3D seismic storage parameters 对话框(图 1-8)。

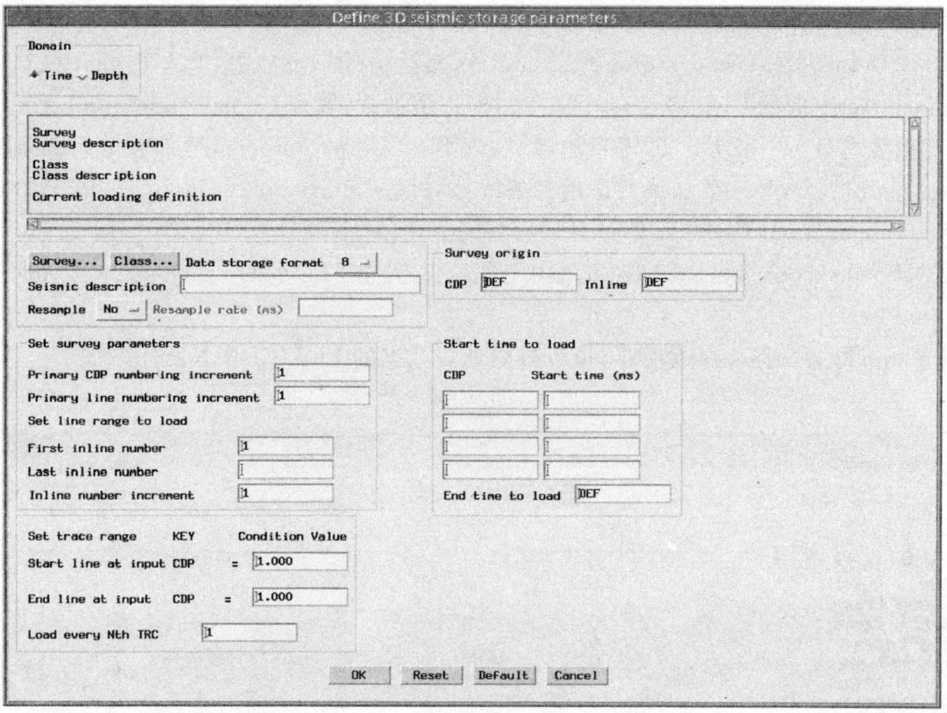

图 1-8　Define 3D seismic storage 对话框界面

(1)点击 Survey→输入三维测网名称→Create,出现 Create 3D survey with locations 对话框(图 1-9)。

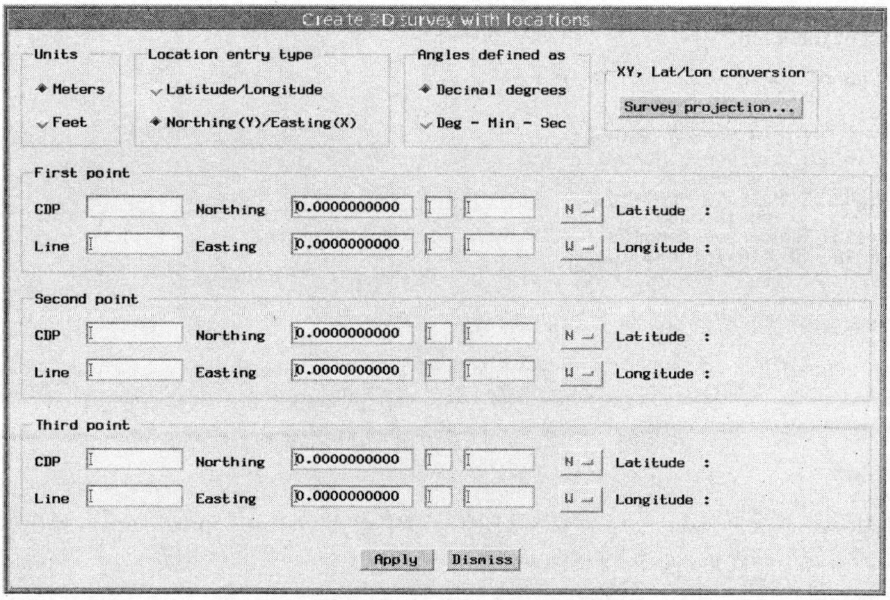

图 1-9　Create 3D survey 对话框界面

在其中填入三维地震数据工区的任意 3 个顶点对应的 Line、CDP、X、Y 坐标信息(其中 Northing 代表 Y 坐标,Easting 代表 X 坐标;其中坐标位数不能多于 7 位),Apply→Dismiss。

点击 Class→Creat,创建 class。

(2)在 Define 3D seismic storage parameters 对话框(图 1-8)中,填入 Primary CDP numbering increment(起始 CDP 增量):一般为 1,即逐道加载;填入 Primary line numbering increment(起始线增量):一般为 1,即逐条加载;填入 First inline number(要加载的第一条线号);填入 Last inline number(要加载的最后一条线号);填入 Start line at input CDP(起始道号);填入 End line at input CDP (结束道号);填写完上述参数后,单击 OK。

3. 在 Load seismic trace data 对话框中(图 1-7)点击 SEGY dump…显示地震数据的相关信息。

其 Dump 结果如图 1-10 所示,可以查看地震数据的 Line、CDP、X、Y 信息。

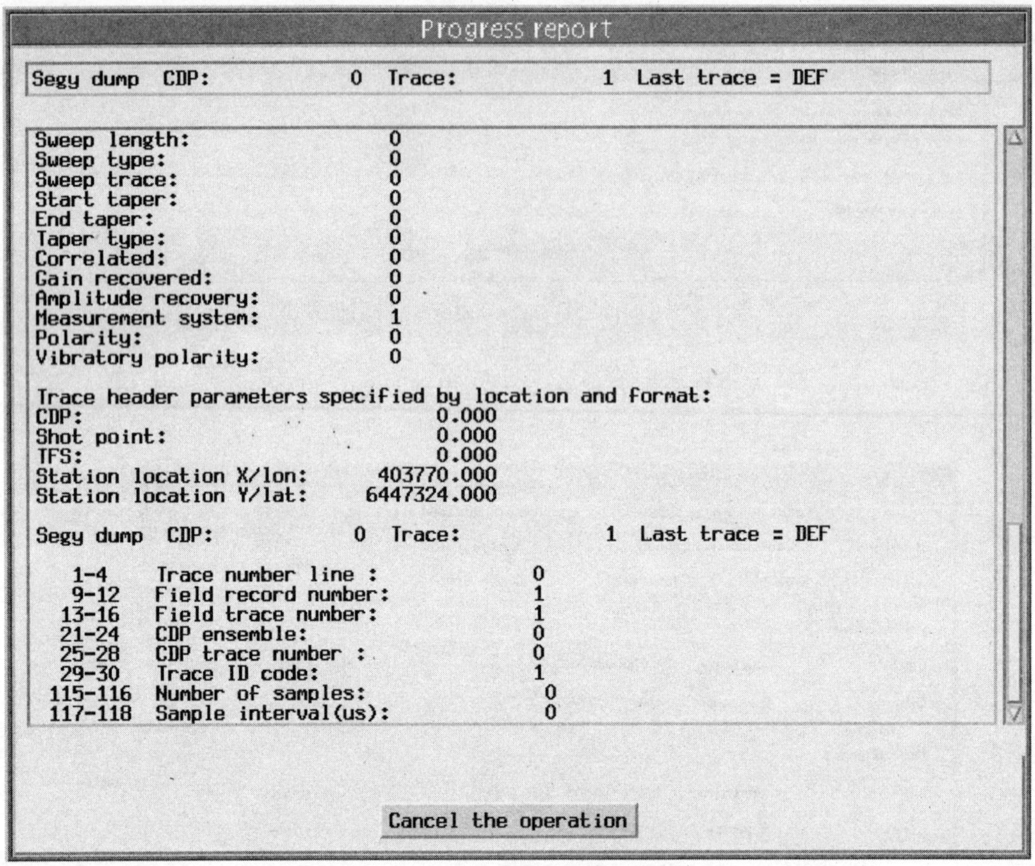

图 1-10　Progress report 对话框界面

4. 在 Load seismic trace data 对话框(图 1-7)中点击 Define input format,弹出 Define 3D input data format 对话框(图 1-11)。

在该对话框 set format specification 中,Lines/file→选 Multiple,Integrity check location→选 Bypass。Parameter 中,Line number、CDP number 由 dump 的结果来填写,本例中分别

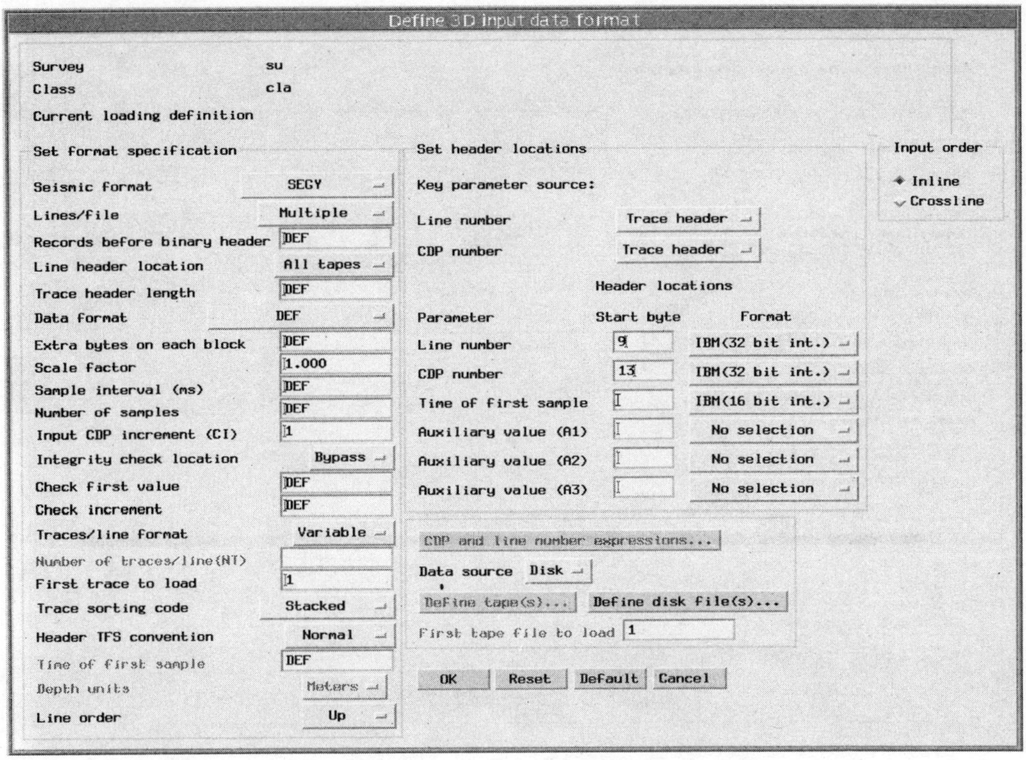

图 1－11　Define 3D input data format 对话框界面

为 9 和 13，Format 为 IBM(32 bit int.)。Data source→选 Disk，点击 Define disk file(s)→输入要加载的地震资料名(全路径)。

单击 OK，完成参数设置，退出对话框。

5. 在 Load seismic trace data 对话框(图 1－7)中，点击 Load 图标，开始加载三维测线。

1.2.2　二维解释工区加载

在 Load seismic trace data 对话框(图 1－7)中进行以下操作。

1. Loading mode→选 user defined 2D。

2. 点击 Define storage，弹出 Define 2D seismic storage parameters 对话框(图 1－12)。

(1)点击 Add，弹出如图 1－13 所示的对话框，在 Line name 中输入二维测线名称；点击 Survey→Create，创建 Survey；点击 Class→Create，创建 class；在 Data source 中选择 Disk；在 Disk file name 中填写路径→OK。

(2)在 Define 2D storage parameters(图 1－12)中选择 2D line→OK。

3. 在 Load seismic trace data 对话框(图 1－7)中，点击 Define input format 按钮，弹出 Define 2D input data format 对话框(图 1－14)，设定输入地震数据信息。

(1)在 Set format specification 中：

Seismic format→选 SEGY；

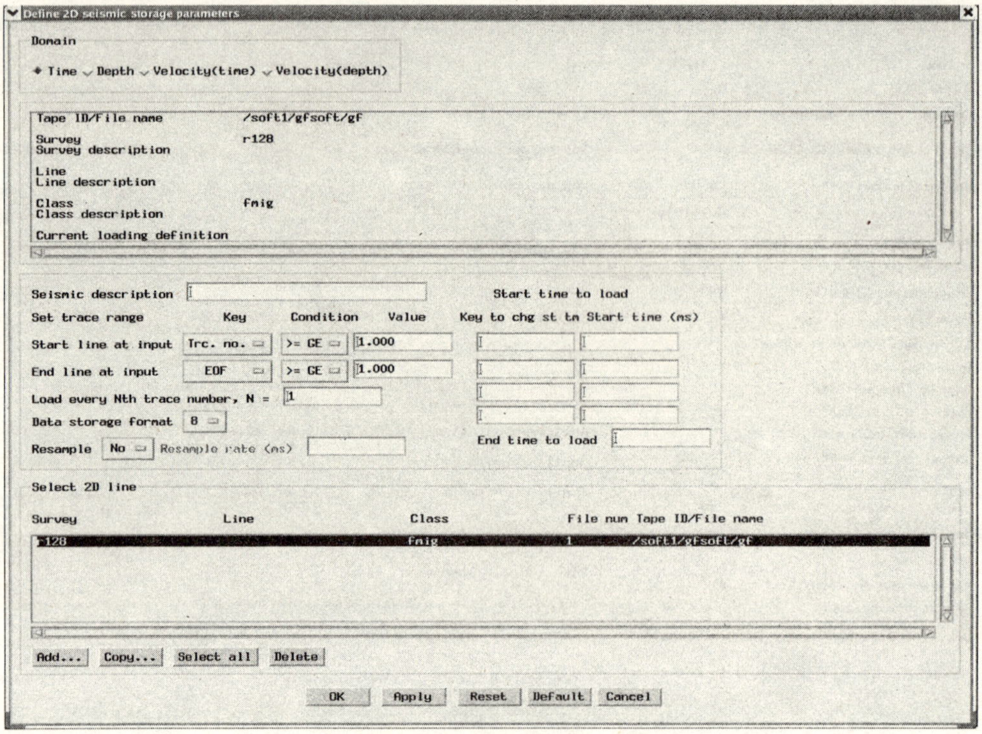

图 1-12　Define 2D seismic storage 对话框界面

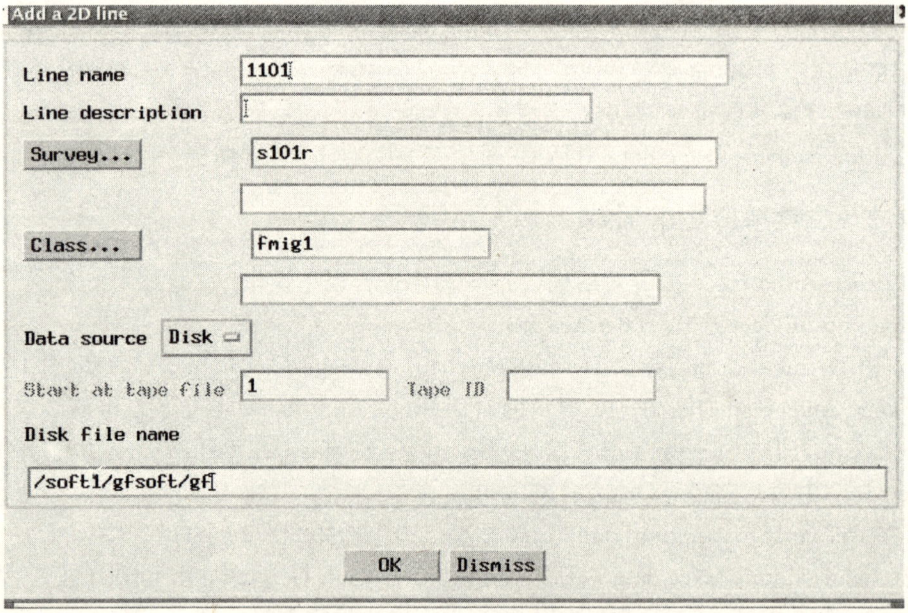

图 1-13　Add a 2D line 对话框界面

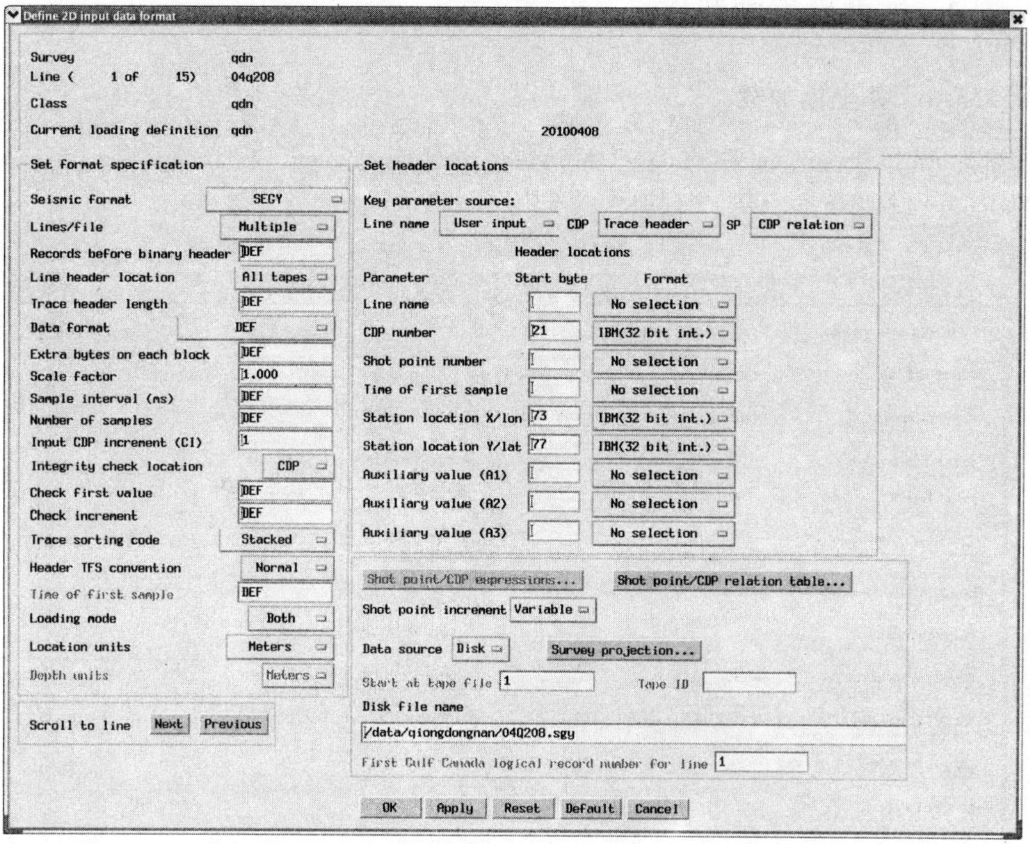

图 1 - 14　Define 2D input data format 对话框界面

Lines/file→加载多条线，选 Multiple，加载一条测线，选 Single；

Loading mode→选 Both，表示要加载地震数据和地震测网（测线平面位置）；

Location units→选 Meters；

其余参数缺省。

(2)在 Key parameter source 中：

Line name→选 User input；

CDP→选 Trace header；

SP→选 CDP relation 或 Trace header。

(3)在 Parameter 中：CDP number→Start byte 缺省为 21，Format 为 IBM(32 bit int.)；Station location X/lon→Start byte 缺省为 73；Station location Y/lat→Start byte 缺省为 77，Data source→选 Disk，点击 Disk file name→输入要加载的地震资料名（全路径）→OK，完成参数设置，退出对话框。

4. 在 Load seismic trace data 对话框（图 1 - 7）中，点击 Load 按钮，开始加载二维测线。

1.3　钻井数据加载

1.3.1　井坐标加载

Application manager(图 1－5)→DATA，在 Data Management 中选 Loads and Unloads→ASCII Load，弹出图 1－15 井坐标加载 ASCII Load 对话框。

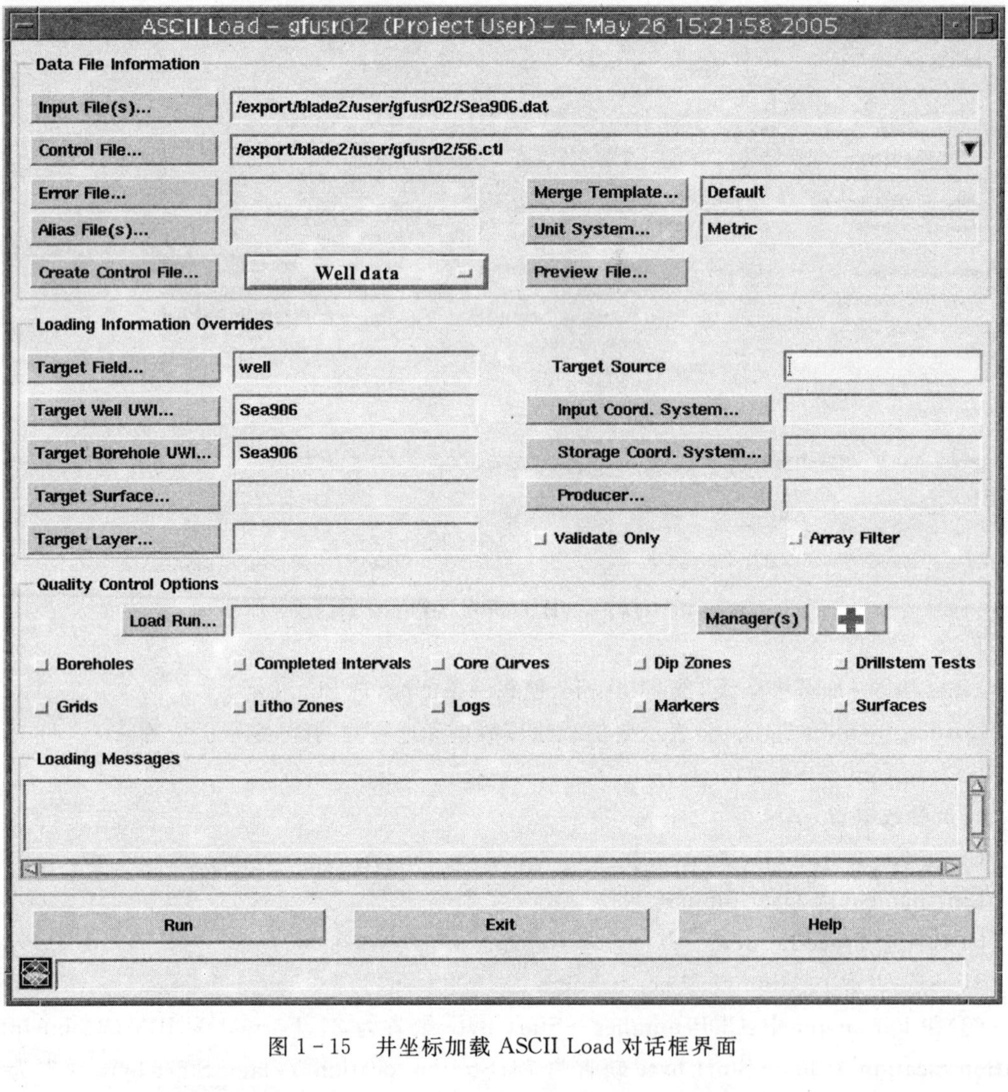

图 1－15　井坐标加载 ASCII Load 对话框界面

在 ASCII Load 中 Input File(s)和 Target Field 是必须填的。

1. Input File(s)中选中井坐标文件：

其中井坐标文件格式为井名、X 坐标、Y 坐标，将编辑好的文件以.dat 的格式放在工作站中。

2. 创建 Control File 文件：可以任意给一个路径和扩展名为.ctl 的文件名创建控制文件

→OK。

3. 在 Create Control File 一栏中选 Well data，点击 Create Control File，出现 Well Data Control File Builder 对话框(图 1-16)。

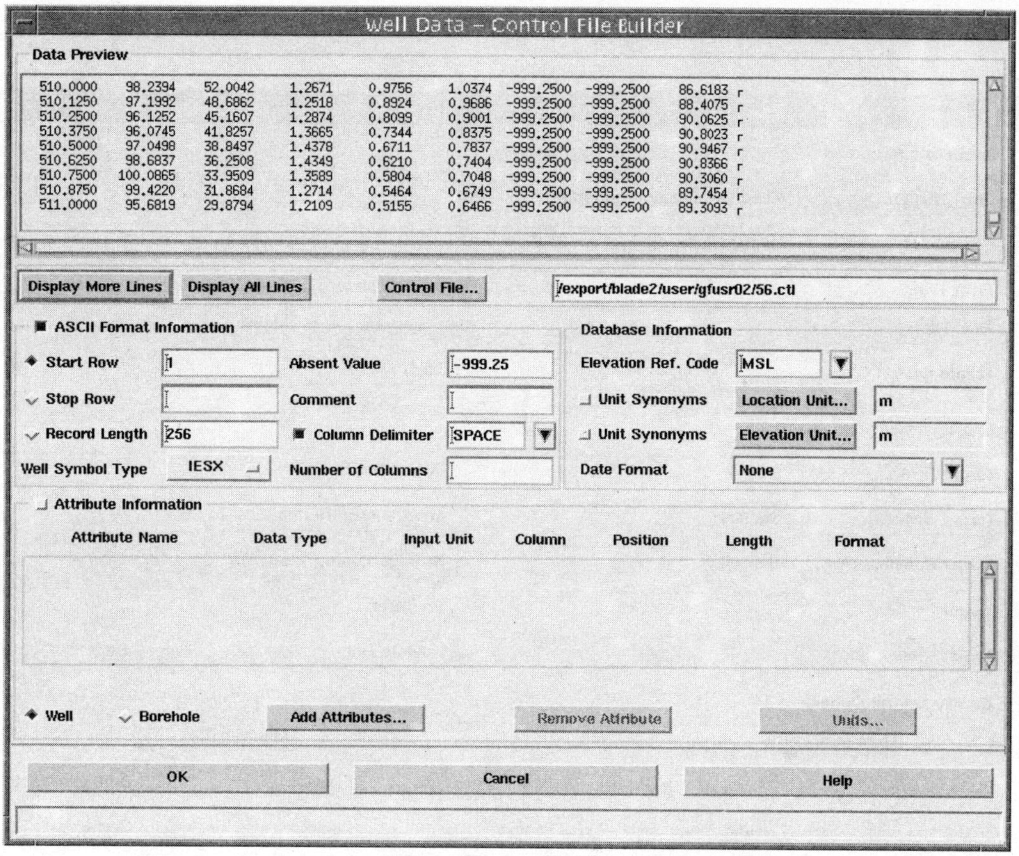

图 1-16 Well Data-Control File Builder 对话框界面

(1)在 ASCII Format Information 对话框中填写以下信息：

Start Row 在 Data Preview 上点击要加载数据的起始行；

Stop Row 在 Data Preview 中点击要加载数据的最后一行；

Record Length 表示加载数据的长度；

Column Delimiter(栏的区分形式)看数据之间如何分隔的(一般选 SPACE)；

Number of Columns(数据的总栏数)必须填，一般为 3 列。

(2)在 Attribute Information 中，点 Well→Add Attributes→Name(栏中对应井名)→UWI(unique well identifier)(栏中对应井名)→Location X→Location Y(X,Y 两个坐标必须同时选择)。

点 Borehole→Add Attributes→Name (栏中对应井名)→UWI(栏中对应井名)→Well-Symbol(读取井标识，如油井、水井等，一般可以不要此项)。

4. Target Field…(与地震测网 survey 名称一致)。

5. Run 加载。

1.3.2　测井曲线加载

测井曲线加载类似于井位数据加载，只需要在 Create Control File 一栏中选 Log Data，如图 1－17 所示。

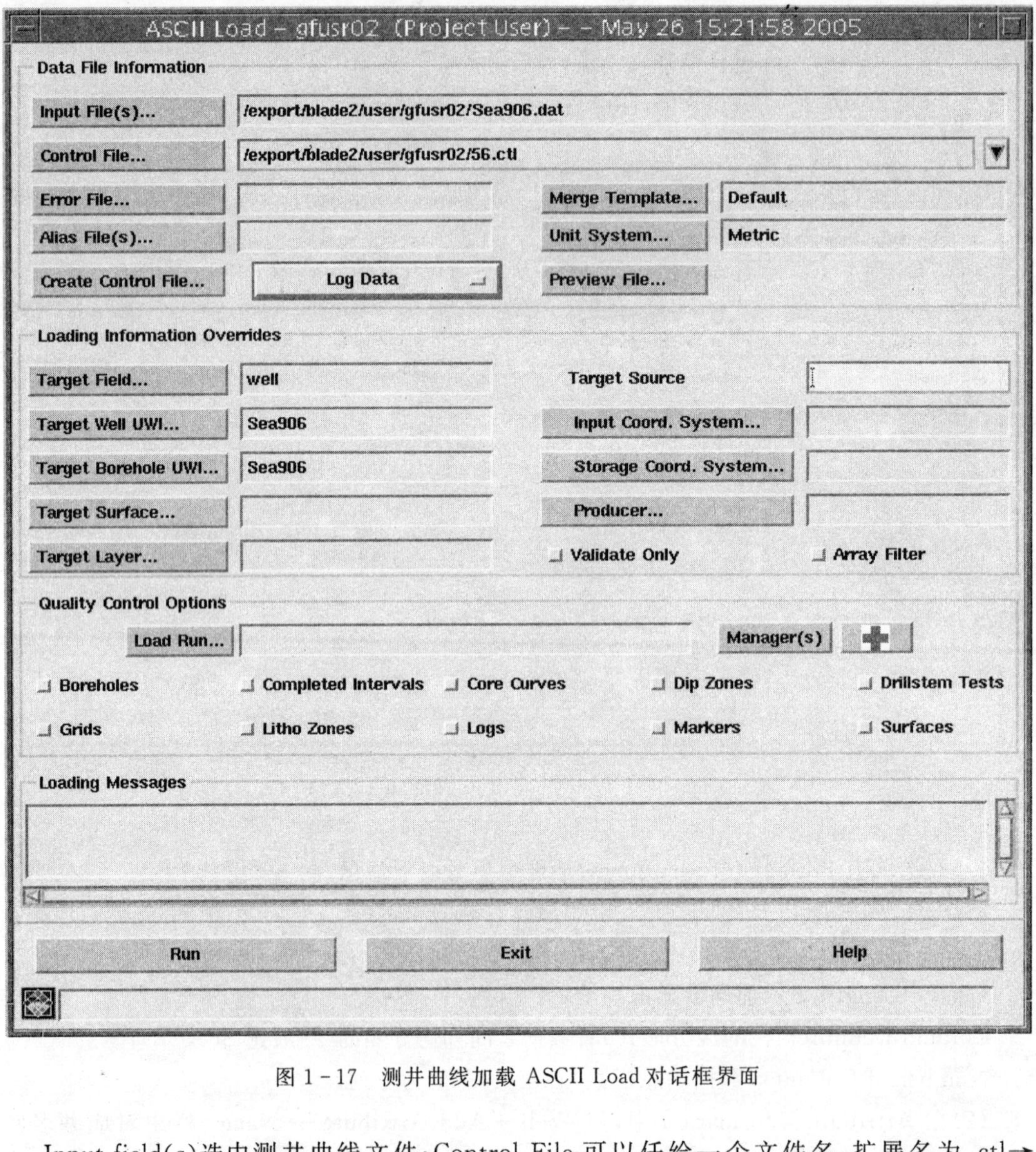

图 1－17　测井曲线加载 ASCII Load 对话框界面

Input field(s)选中测井曲线文件；Control File 可以任给一个文件名，扩展名为. ctl→；Create Control File 改为 Log Data，再点 Create Control File…，出现 log data，其结果如图 1－18 所示。

1. ASCII Format Information：按加载井坐标的方法填写 Start Row，Record Length，Stop Row，Number of Columns。

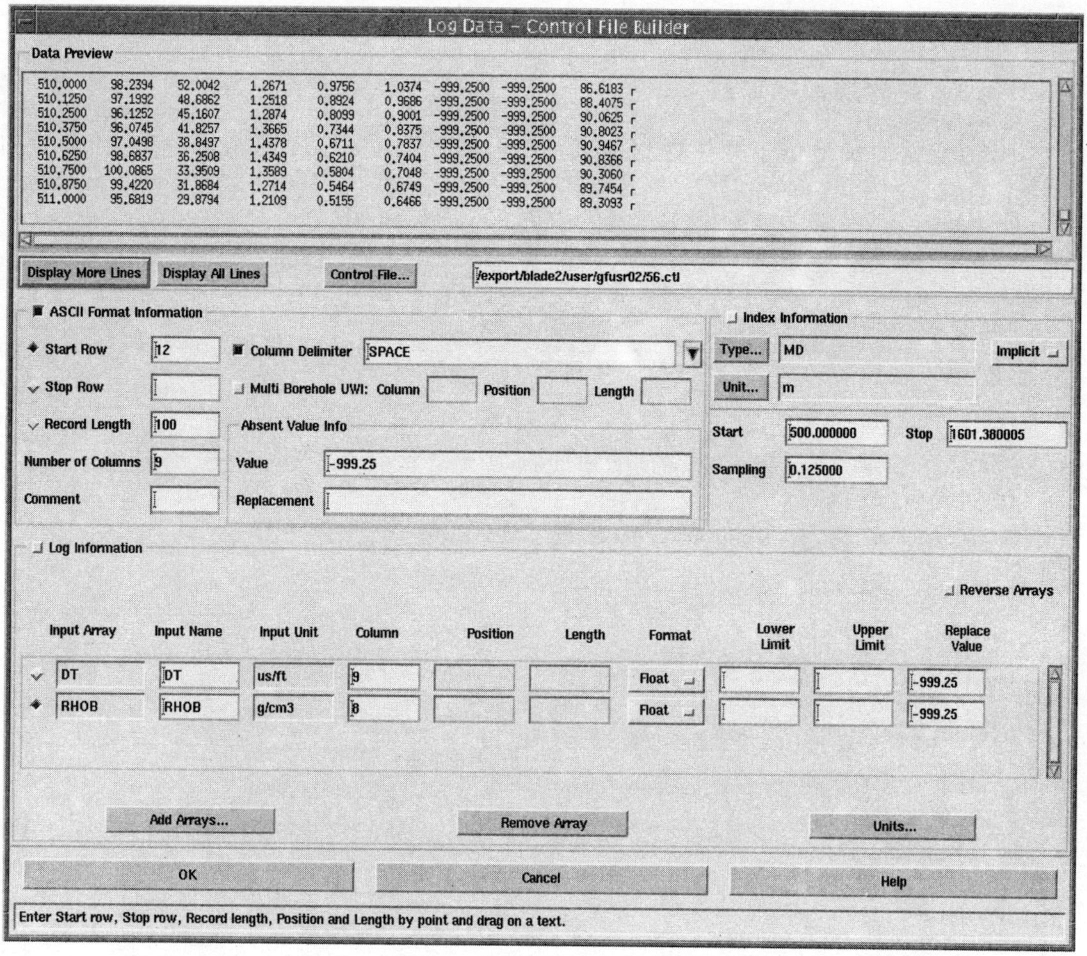

图 1-18　测井曲线加载 Log Data 对话框界面

2. 在 Index Information 下选 Implicit(隐含，有规则)(Explicit 显示，无规则)：
Type 选 MD(测量深度)，Unit 选 m(测量单位)；
Start 填入曲线起始深度；
Stop 填入曲线结束深度；
Sampling 填入曲线采样间隔。

3. Log Information：在 Add Arrays 中点 Core，选 Petrophysics→选曲线类型及对应列数→OK。

4. Target Field 选工区名字；Target Well UWI 选井；Target Borehole UWI 选相同的井。

5. Run：加载完成后，在 Data Managers 中用 Log Curve(双击)检查。

6. 常用的测井曲线符号：

声波时差 Sonic(AC)	用 DT 表示
密度 Density	用 RHOB 表示
自然伽马 GR	用 GR 表示

电阻率　　　　用 RT 表示
孔隙度　　　　用 PHIT 表示

1.3.3　井分层数据加载

井分层数据加载类似于井位数据加载，只需要在 Create Control File 一栏中选 Well marker data，如图 1-19 所示。

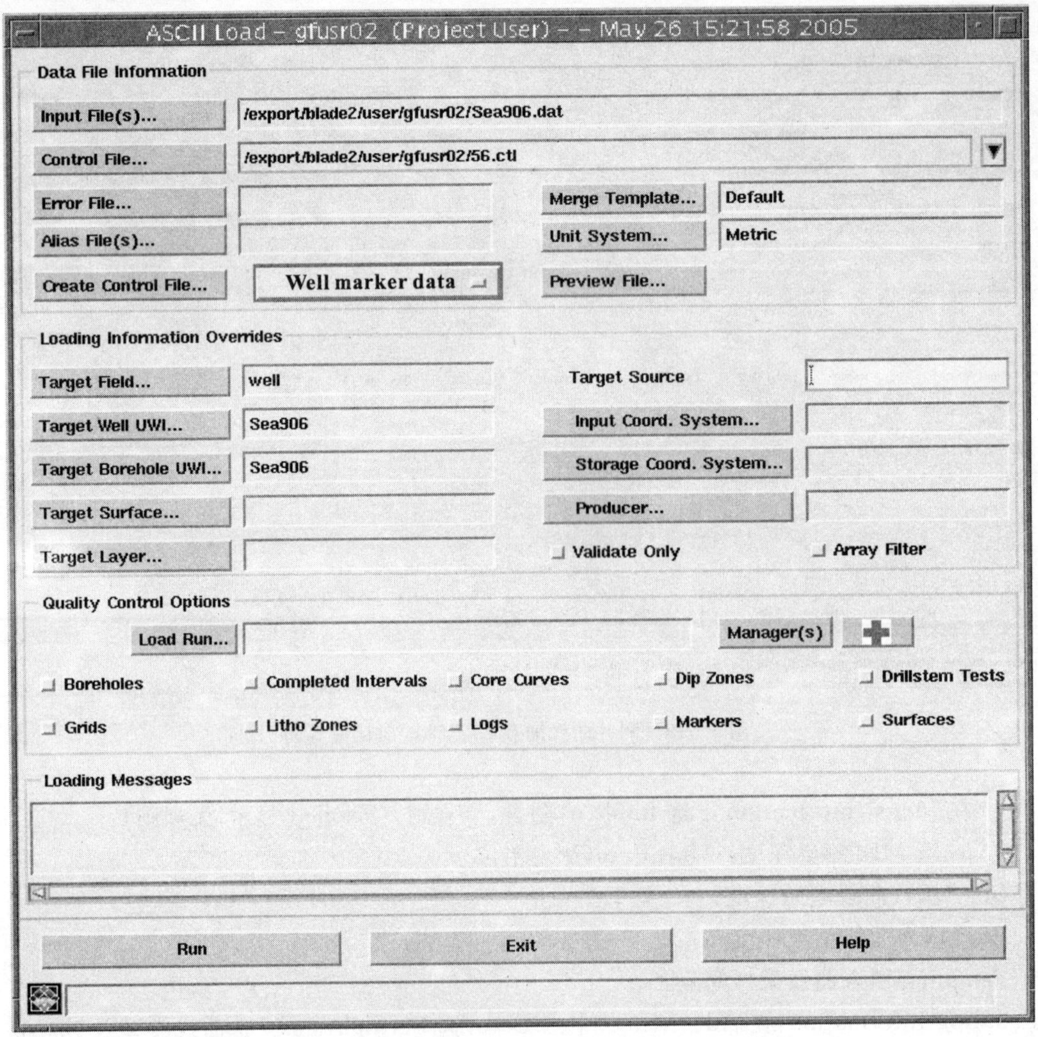

图 1-19　井分层数据加载 ASCII Load 对话框界面

1. Input File(s)选中井分层文件，Control File 可以任给一个文件名，扩展名为.ctl，Create Control File 改为 Well marker data，点击 Create Control File…。

2. 点击 Add Attributes：

→Name(对应层位栏)；

→Depth/Time(对应深度栏)；

→Borehole-name(对应井名的栏)；

→Borehole-UWI(对应井名的栏)；

3. Target Field 栏中，若是单井，选井；若是多井，选 Survey。

4. 分层数据加载完，用 Data→Date managers→Marker(双击)→All surface 中选 Boreholes→Select(全选)→OK，以此来检查分层数据是否加载成功。

5. 井分层的文件格式以井名、层位、深度分栏列出来(表 1-1)。

表 1-1　井分层的文件格式

Well1	T1	500
Well1	T2	600
Well2	T1	450
Well2	T2	560
Well2	T3	750

1.3.4　在 Basemap 和 Seis3D 中显示井位和标定层位

IESX Session Manager→Applications→Interpretation→Seis3D→Define→Borehole Set，弹出图 1-20。

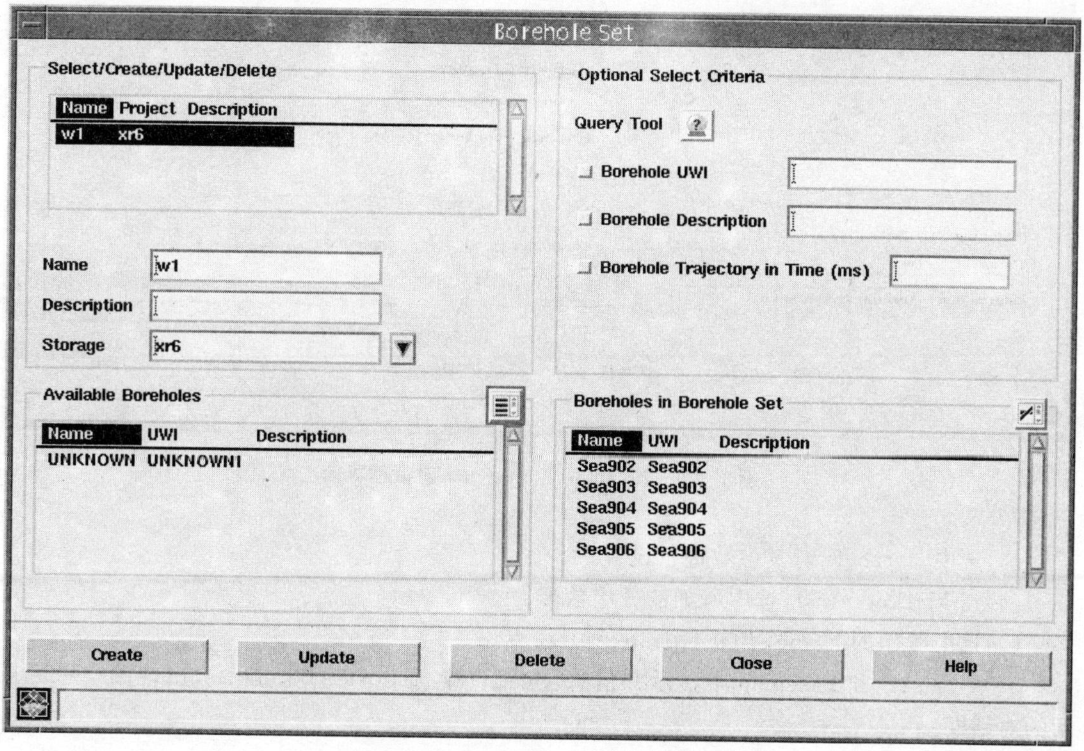

图 1-20　Borehole Set 对话框界面

1. 定义 Borehole Set。

(1)在 Name 中给一个域名(如 W1);

(2)将想要的井名从 Available Boreholes 中添加到 Boreholes in Borehole Set;

(3)点 Create 创建一个域,以后再加入新井或者删掉不相干的井,只需选中该域修改后点 Update 更新即可。

2. 定义 Borehole Appearance Management。

在 Seis3D 中选 define→Borehole Appearance(图 1-21)。

(1)在 Selected/New Set 的 Name 中输入要创建的名称;

(2)点击 Create;

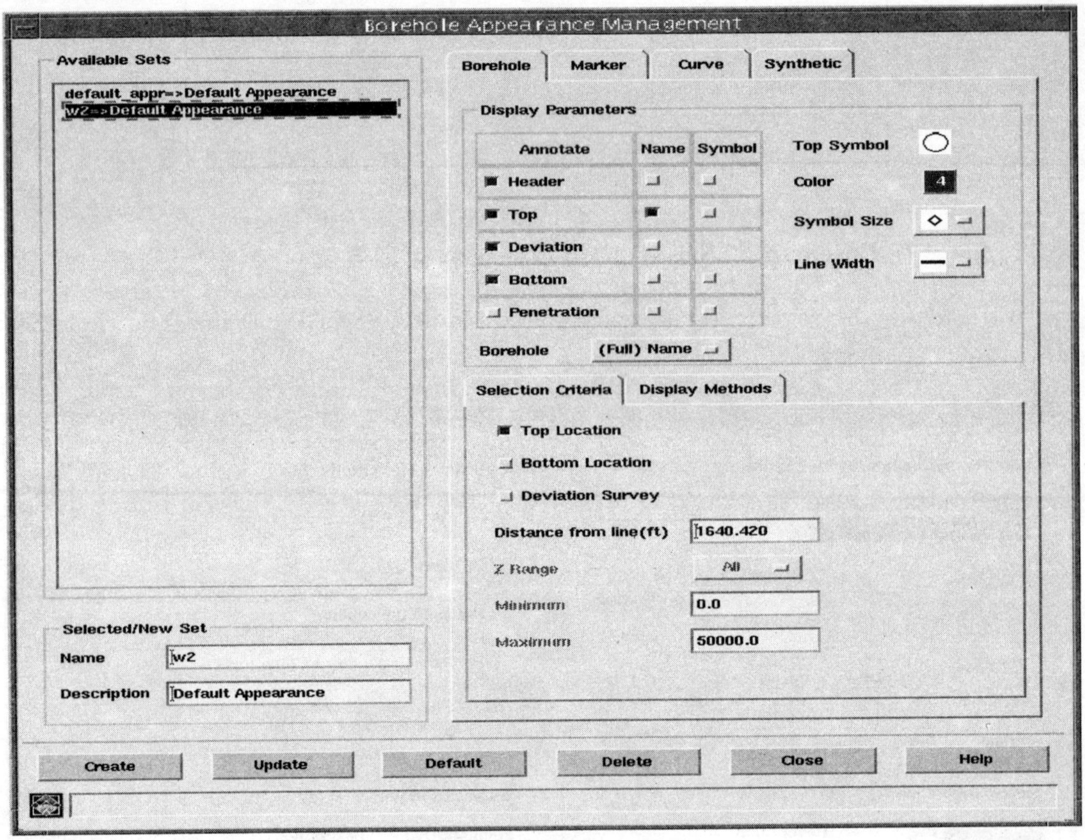

图 1-21　Borehole Appearance 对话框界面

(3)选中 Borehole 对其参数进行设置;

(4)点 Marker→List,选中所加的分层数据;

(5)选中所建的 Name,点击 Update→OK。

3. 在 Seis3D 和 Basemap 中显示井信息:Seis3D 中选 Post→Boreholes,出现图 1-22 所示的对话框。

在 Post Boreholes 对话框中,选 Borehole Sets 和 Borehole Appearances 中所建的名字,点击黑色倒三角进行添加,再点击 OK。

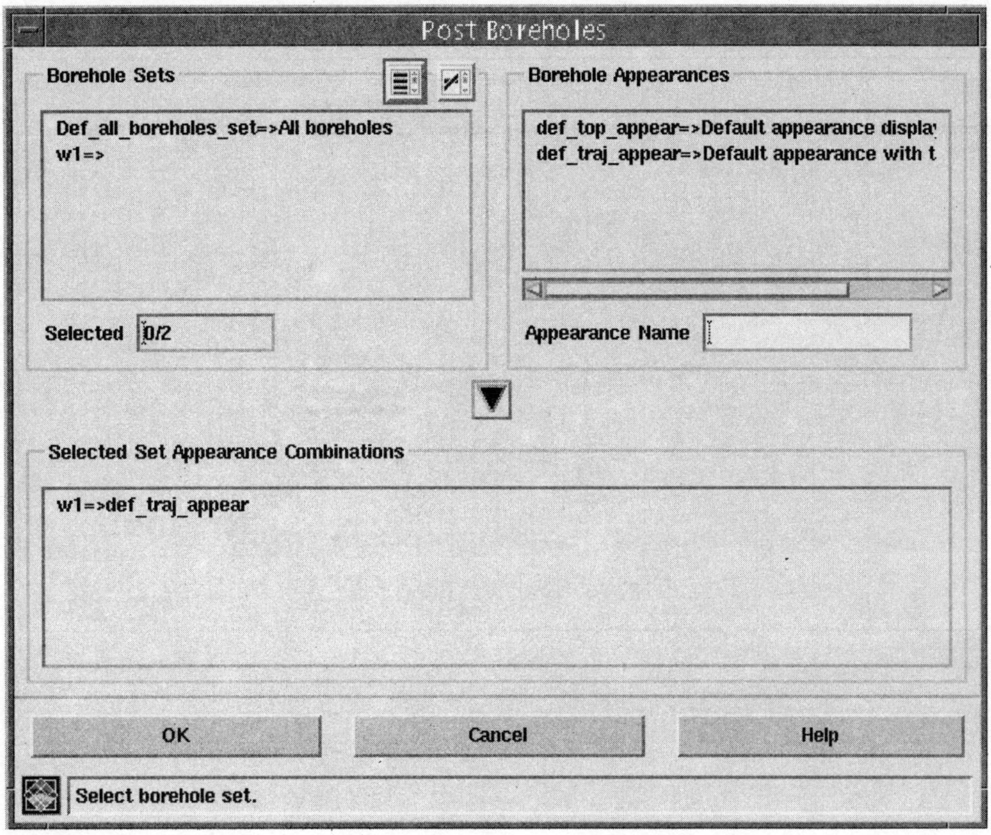

图 1-22　Post Boreholes 对话框界面

在 Basemap 中选 post→Boreholes Set，在弹出的图中选中井的域名和 Borehole Appearances，点击黑色倒三角→OK。

1.4　井震标定

在 IESX Session Manager 对话框中→Application→Synthetic，出现图 1-23 所示的对话框。

1. 选一口井→OK。

2. 提取子波：Tools→Wavelet→Extract→选择子波提取时窗 Select seismic 可以修改相位、子波长度等参数（图 1-24）。

在 Select seismic 中选择井旁要提取子波 CDP 的区域→OK→Extract→Save→Close。

3. Post→Marker，Synthetic，Seismic。

4. Mode→Bulkshift（移动合成记录），Stretch/squeeze（拉伸/压缩）对合成记录进行修改。

5. 保存合成记录 File→Save Layout。

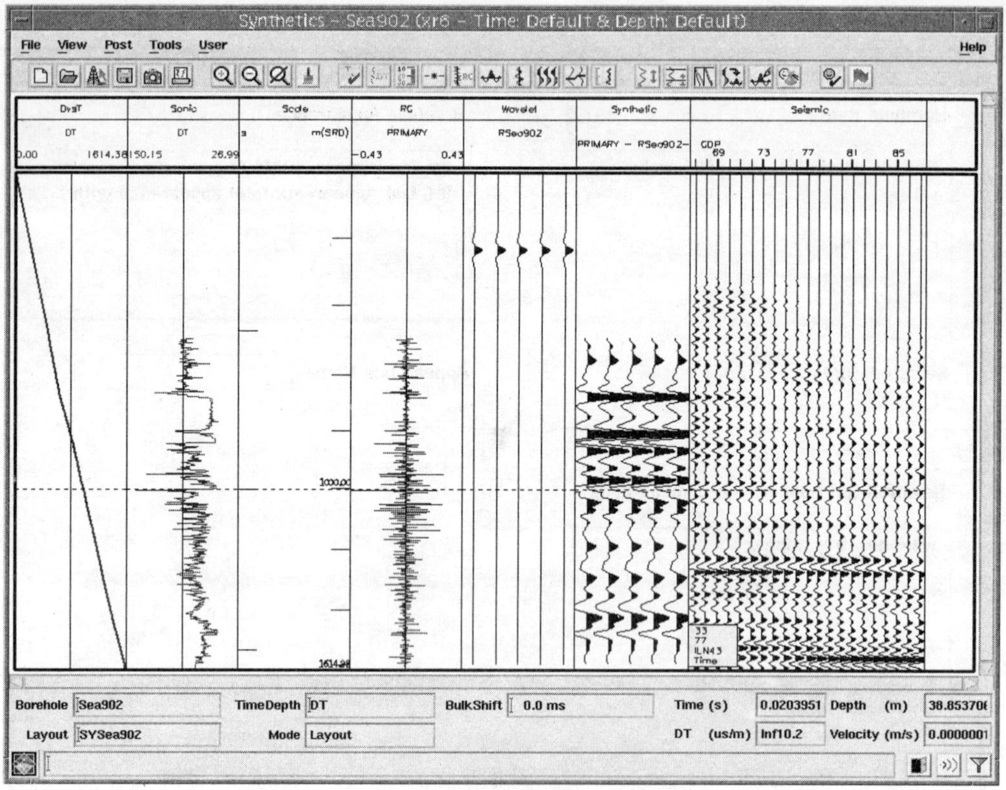

图 1－23　Synthetic 对话框界面

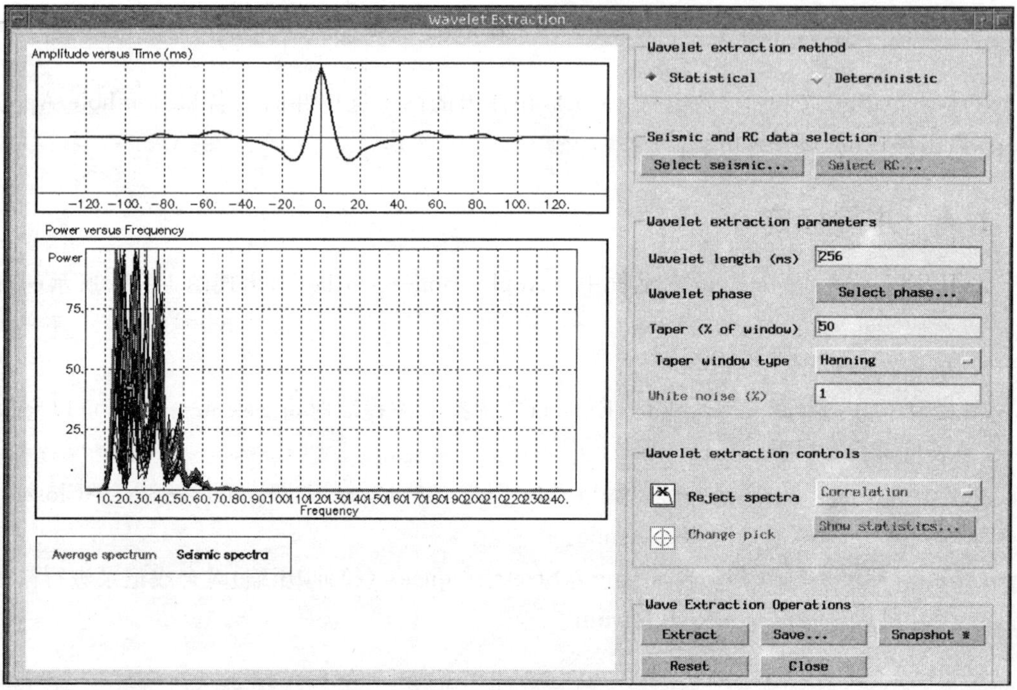

图 1－24　Wavelet Extraction 对话框界面

第二章　实习工区地质概况

2.1　构造位置

渤中坳陷位于渤海海域中部，构造位置上属渤海湾中、新生代含油气盆地中部的一级负向构造单元，是在华北古地台基底上发育起来的中、新生代沉积坳陷。坳陷东界为辽东-鲁东隆起区，南界以渤南凸起南侧断裂与济阳坳陷分开，西与埕宁隆起为斜坡过渡，东北与下辽河坳陷相通（图 2-1）。

渤中坳陷是胶辽、渤鲁和燕山 3 种结构不同基底的交汇处，也是埕宁隆起、济阳坳陷和下

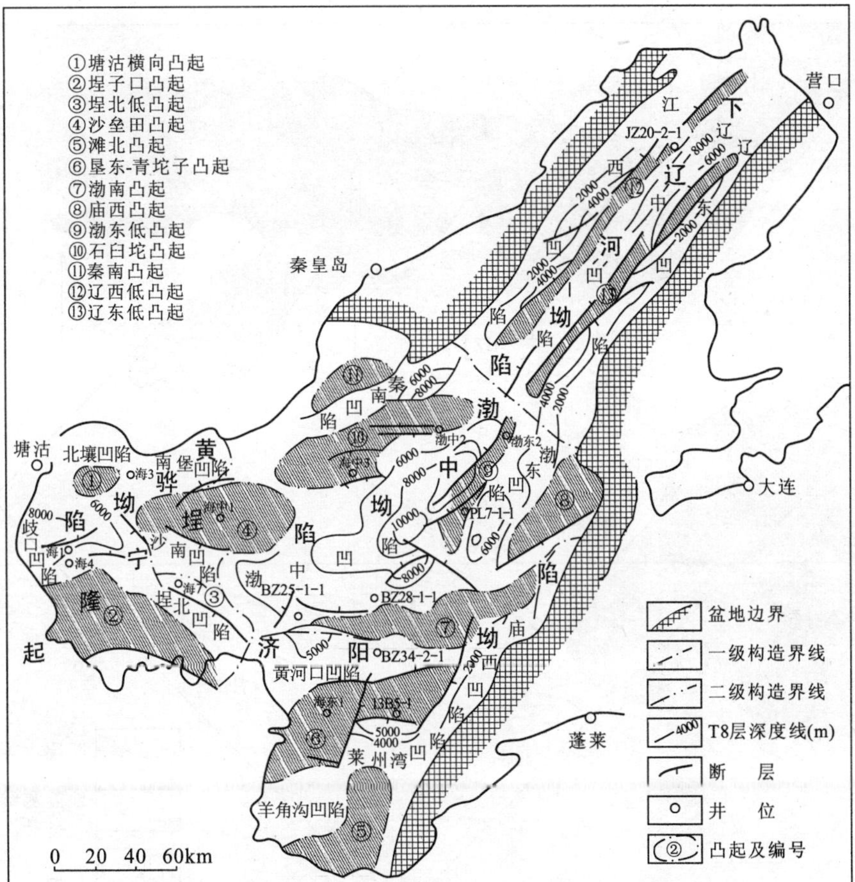

图 2-1　渤海海域构造单元划分（据中国石油地质志，1990）

辽河坳陷的衔接地区。因此，该区构造比较复杂，北东、东西、北西 3 组走向的构造都存在；基底断裂发育，郯庐断裂穿过本区。在这种特殊的背景下，新生界强烈下沉，沉积厚度近万米。

渤中坳陷可进一步划分为 8 个次级构造单元，包括 5 个凸起（渤南、庙西、石臼坨、秦南凸起和渤东低凸起）和 3 个凹陷（渤中、渤东和秦南凹陷）（图 2－1）。其中，渤中凹陷是渤海海域内面积最大的一个凹陷，也是新生界沉积最厚的凹陷，位于渤海湾盆地中心，也是渤海湾盆地的沉积中心和生油（气）中心，其四周主要与凸起相邻，东、南、西、北依次是渤东低凸起、渤南凸起、沙垒田凸起和石臼坨凸起。渤中凹陷在平面上呈不规则的等轴状，没有明显的方向性。北面以"二台阶"形式和石臼坨凸起断层接触；东以北北东向大断裂和渤东低凸起相隔；南部向渤南凸起超覆，总体表现为一斜坡；西与沙垒田凸起和石臼坨凸起之间的鞍部呈超覆接触，局部为断阶接触。凹陷总体开阔、平缓，东侧沉降最深，第三系最大厚度近万米。虽然凹陷周边多为断裂所限，这些断裂也控制了古近系的沉积，但没有明显的强烈差异运动的箕状断陷显示，总体呈现为"平底锅"式的断陷结构。

实习工区位于渤中凹陷西斜坡，具体为渤中凹陷以西受到沙垒田凸起、石臼坨凸起所夹持的区域（图 2－2）。

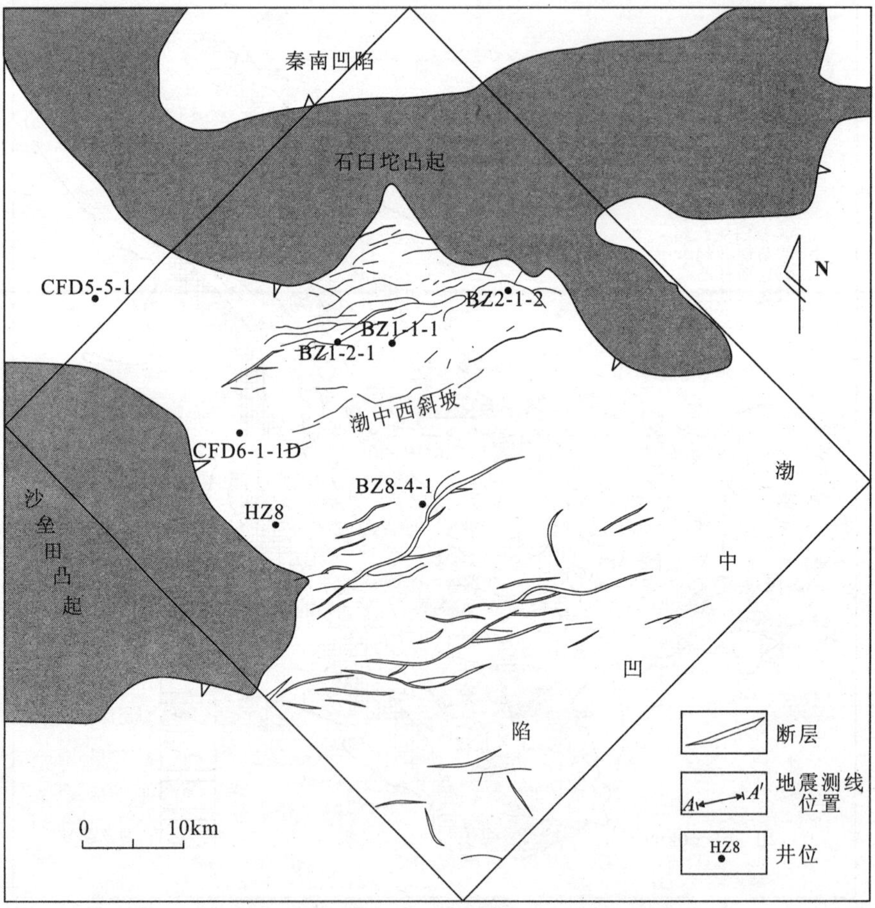

图 2－2　渤中凹陷西斜坡构造位置图

2.2 实习区断裂分布特征

中国东部中、新生代断陷盆地一般都经历了从早期的裂陷到晚期的裂后坳陷阶段的演化，但裂陷阶段往往是幕式进行的。第三纪渤海湾盆地构造演化具有多幕式裂陷、多旋回叠加和多成因机制复合的特征。渤海湾盆地断裂体系以走向连续分布的北北东—北东向和断续分布的北西西—东西向为主，这两个方向的断层形成了共轭剪切关系(图 2-3)。

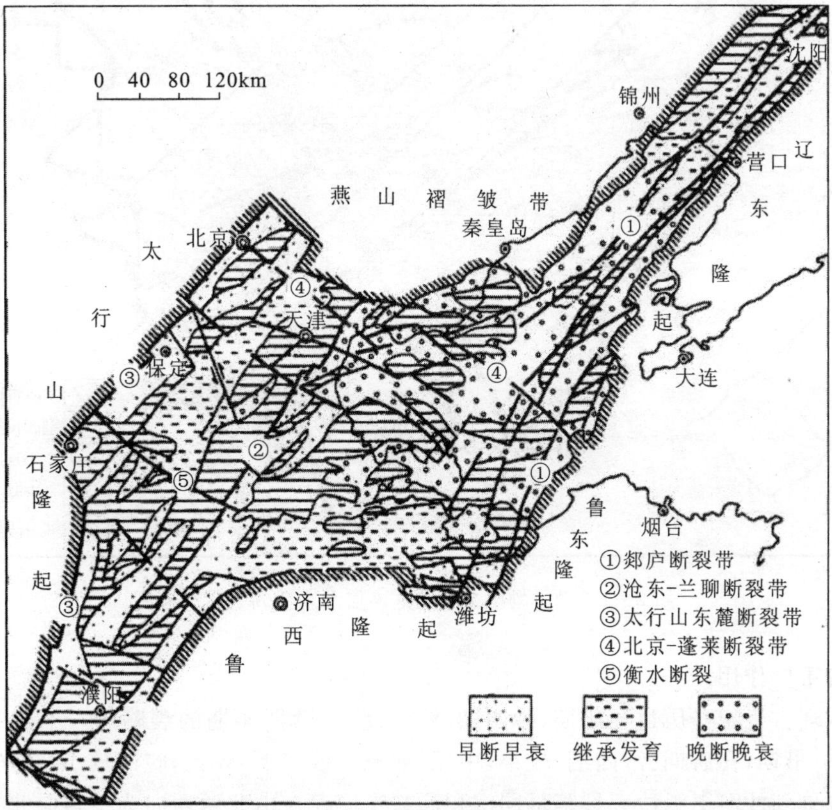

图 2-3　渤海湾盆地主干断裂分布图(池英柳,2000)

渤中凹陷为区域上两组走滑断裂体系——郯庐断裂带营口—潍坊段(北北东—北东向)和北京 蓬莱断裂(北西西—东西向)的交汇区(图 2-4)，该凹陷的沉积中心长轴方向为北北东向，表明主要受连续分布的北北东向走滑断裂的控制。渤中凹陷及围区发育有 3 个不同方向的伸展断层。其一为走向北北东向、倾向北西西向的伸展断层，它是渤中凹陷及围区新生代构造的主体部分，其构造特征与下辽河—辽东湾特征一致。其二为走向北东向、倾向北东向的伸展断层，它们多分布在渤中凹陷的东缘，渤东凹陷、庙西凹陷等受这一组伸展断层控制。其三是走向北西西至近东西向、向南倾斜的伸展—传递断层，它们主要分布在盆地的南部，渤南凹陷受此组伸展断层控制(图 2-4)。这些不同方向的伸展断层受区域走滑深断裂(特别是郯庐断裂)的改造，构成复杂的叠加构造样式。渤海海域第三系及基底断裂规模较大的有数十条，长度几十千米至几百千米，基底落差 3～5km，这些断裂对渤中凹陷沉积体系的分布和圈闭的

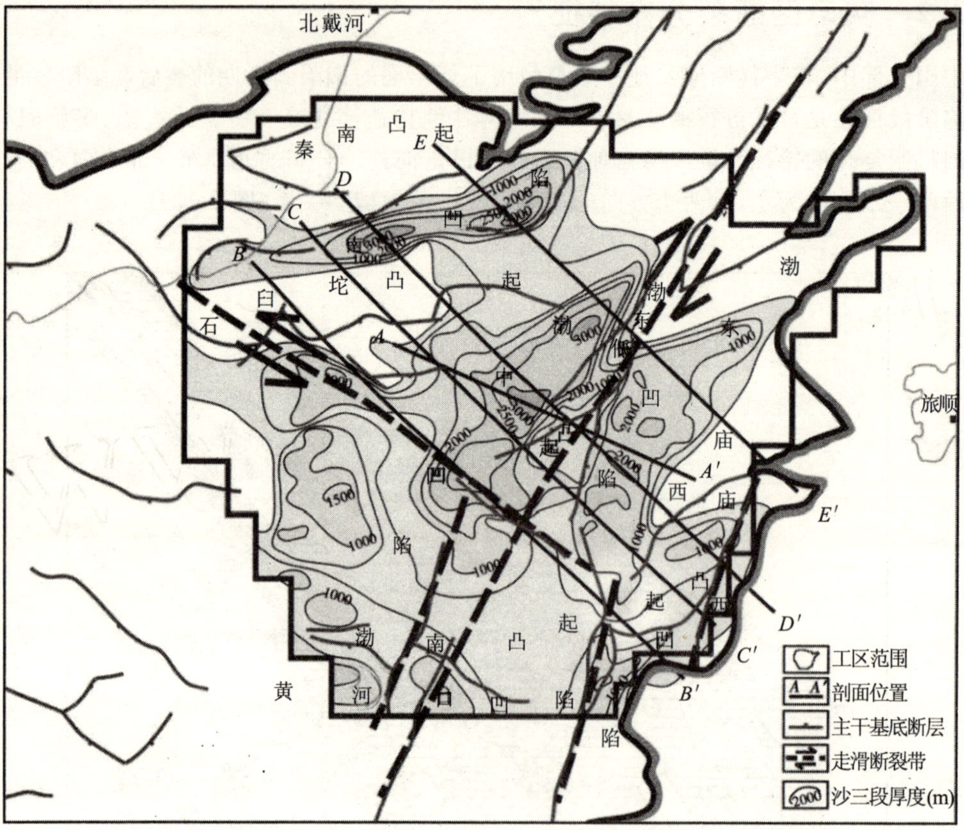

图 2-4　渤中坳陷主干基底断层和走滑断裂带分布

形成都起着重要作用。

渤中西环古近纪经历过孔店期、沙四期、沙三期、东营期 4 期的裂陷幕。不同裂陷幕的沉降速率不同，早期（孔店期、沙四期）较小，中期（沙三—沙二下）较大，晚期较小（林畅松，2004）。从孔店裂陷幕到沙河街组沙三裂陷幕同沉积断裂走向存在由北西西向为主转向北北东向为主的变化趋势，构造格架样式发生了相应的变化。从孔店裂陷幕到沙河街沙三裂陷幕，北北东向断层多为铲式同沉积断层，断层连续延伸较远，位移量大，对盆地的沉积体系和构造变形样式均有明显的制约作用，渤中地区北部形成南东东（南东）断、北西西（北西）超（翘）的半地堑盆地结构。北西—北西西向断层主要发育在渤中坳陷西南部沿柏各庄断层—石臼坨 3 号断层—渤中 2 号断层一带，在断陷盆地形成过程中主要起着北北东—北东向伸展断裂系统中变换断层的作用，断层规模相对较小，倾向南西方向。东营组裂陷幕为断陷盆地在经过早期强裂陷阶段后向坳陷逐渐转化过程中，在区域构造应力场作用下形成的具有强烈走滑性质的伸展断裂。主走滑断裂带走向为北北东向和北西—北西西向。北北东向走滑伸展断裂主要发育在渤中坳陷东部的凸起边缘或凹陷内部，是早期北北东向伸展断层因受到右旋走滑力偶作用而发生了走滑伸展运动，断层连续性好，延伸较远，构成了著名郯庐断裂带营口—潍坊段的一部分。在渤中凹陷西南部的柏各庄断层—石臼坨 3 号断层—渤中 2 号断层带的一系列北西—北西西向早期伸展变换断层，因受到左旋走滑力偶作用而发生了左旋走滑伸展运动，断层断续分布，延伸不远，是北京-蓬莱断裂带的组成部分。这两个方向的断层形成了共轭剪切关系，断层控陷作用减弱。但在其交汇地区北部的渤中凹陷沉积了巨厚的东营组地层，沉积中心长轴为北北东向，明显受连续分布的北北东向走滑断裂的控制。北西—北西西向断裂连续性相对较差，表明北北东向的右旋走滑力偶比北西—北西西向的左旋走滑力偶占优势。

2.3 地层及沉积演化特征

渤中坳陷及其周缘地区发育有太古界—元古界混合岩、花岗岩系，上元古界石英砂岩、白云质灰岩，下古生界寒武系—奥陶系海相碳酸盐岩，上古生界石炭系—二叠系海陆交互相及陆相含碳酸盐岩和煤层的红色碎屑岩系，中生界侏罗系—白垩系陆相含煤红色碎屑岩及火山岩系，第三系陆相含油岩系，第四系海陆过渡、淤泥、粉砂和砂砾。其中新生界始新统沙四段—孔店组分布零星，残缺不全；渐新统沙三段—东营组沉积广泛；新近系十分发育，在渤中地区形成盆地的沉降中心。具体地层发育特征如图 2-5 所示。

主要研究层系古近系沉积演化特征如下。

1. 孔店组—沙四段沉积时期：沉积范围小，分布于彼此分割的单断沉积凹陷中。该时期为干旱炎热的亚热带气候，湖水咸化，出现大量耐干旱的麻黄等植物，沉积层中夹薄层白云岩和角砾状灰岩。

2. 沙三段沉积时期：始新世中晚期，地壳拉张加剧，凹陷沉降迅速，各凹陷彼此连通，但仍受盆地内隆起分割，这些隆起也构成了凹陷沉积的主要物源区，如石臼坨、沙垒田、渤东、渤南和庙西等凸起。这一时期湖盆深，水域面积扩大，长时间的沉陷形成了各凹陷以深水沉积为主的一套暗色泥岩沉积。湖盆周缘水系和湖盆内古隆起水流作用形成了大量的水下扇、扇三角洲和浊积扇沉积。水下扇主要分布于石臼坨、沙垒田、渤南凸起的南缘和庙西凸起的西北侧，扇三角洲主要分布于石臼坨凸起东侧，浊积扇分布于水下扇远端的深水湖区。该时期气候温暖潮湿，同时，由于盆外水流影响较少，湖盆封闭，导致半咸水和底层水还原环境的形成，半咸水的藻类如渤海藻、副渤海藻发育，而干旱条件下的麻黄粉属很少，沉积了含高丰度有机质的湖相烃源岩，是渤中凹陷主要的烃源岩发育时期。

3. 沙一、二段沉积时期：沙三段沉积末期发生大规模的湖盆水退，造成区域性不整合界面。沙二段沉积时期湖水变小，沉积范围缩小，以滨浅湖相为主，水下扇、扇三角洲相发育，局部地区形成碳酸盐岩台地。气候由潮湿略变干燥，陆生植物发育，水生藻类罕见，水体浅，物源较丰富，沉积物中普遍含粗碎屑和生物壳体，以及少量白云岩、钙质砂岩等，是古近系重要的储层发育时期。

4. 沙一段沉积时期：为又一次广泛的湖进，水域进一步扩大，隆起区范围缩小，滨浅湖相广泛发育，水质略有咸化，同时隆起区物源影响减弱，造成碳酸盐岩台地局部发育；由于水体加深，中深湖相有所扩大，形成了由深灰色泥岩、黄褐色、灰褐色油页岩、钙质页岩、泥灰岩、白云质灰岩、生物碎屑灰岩等组成的“特殊岩性段”，扇三角洲和水下扇在湖盆边缘继续发育。该时期部分地区沼泽、湿地生物如桤木粉属、柳属、水龙骨等，以及螺、介形类大量出现。普遍出现薄球藻、棒球藻，反映水浅、稳定和水流不畅的沉积环境，形成了质量非常优越的区域性分布的湖相烃源岩。

5. 东营组下段沉积时期：湖侵范围进一步扩大，水体加深，加上长期剥蚀，凹陷四周地势低平，原先的隆起大部分地区逐渐沉没水中，湖区广阔，中深湖相发育，扇三角洲局部发育，如

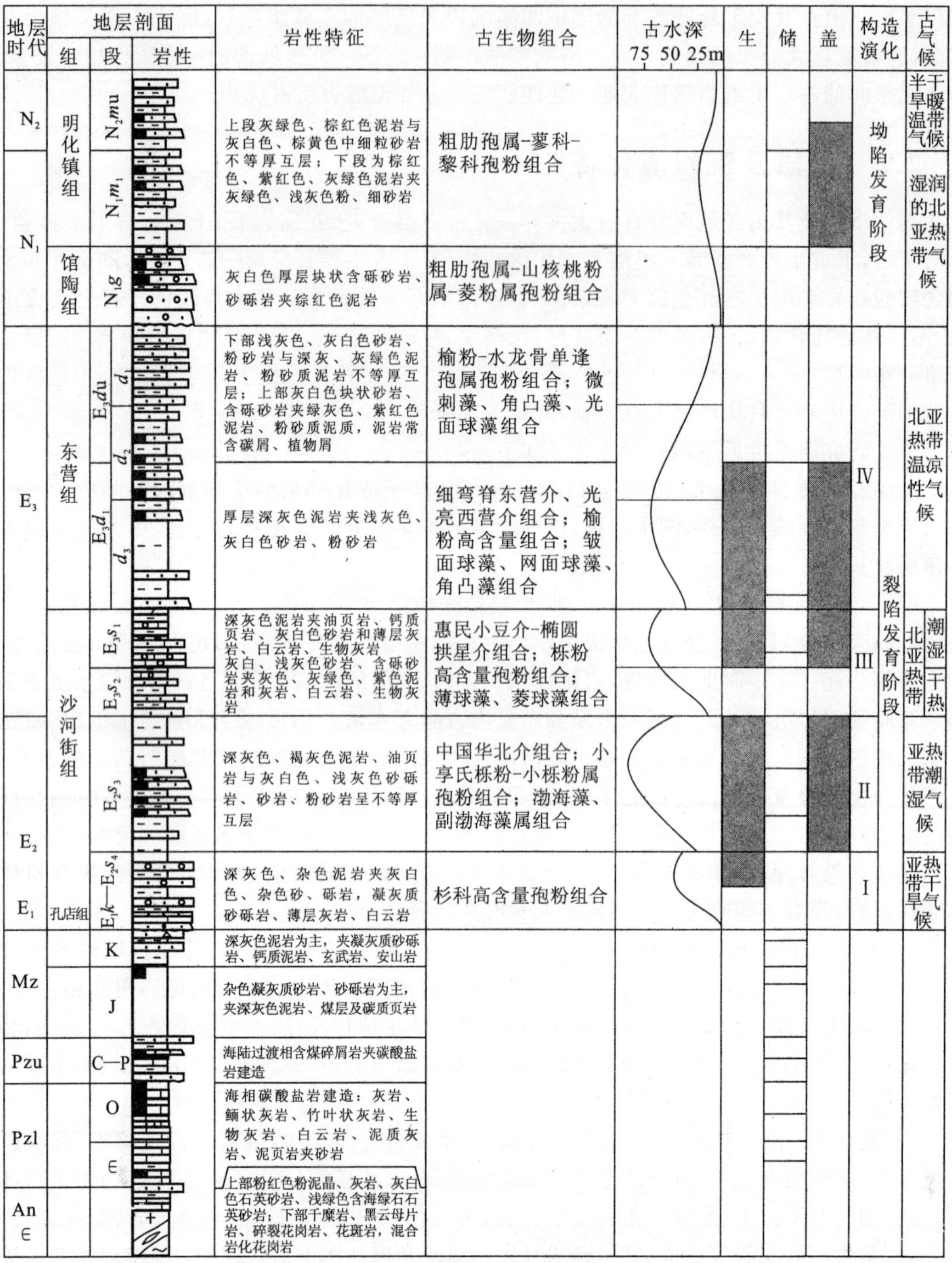

图 2-5　渤中坳陷地层综合柱状图(据何仕斌,1998 修改)

石臼坨凸起南部。这时湖盆受外部物源的影响加深,在沙垒田与埕北凸起之间、石臼坨东部、渤东凸起西侧等发育有大型三角洲沉积。高山离湖区较远,使裸子植物孢粉化石相对较少,沙垒田、渤东岛为低山区和沼泽,形成了桤木粉、榆粉、水龙骨单缝孢紫萁孢和淡水的细刺藻、微刺藻的高含量区。石臼坨岛一带地势较高，陆地生长的阔叶、落叶乔木繁盛，形成胡桃粉属、栎粉属、榆粉属的高含量带。湖区水生藻类繁盛，发育大套灰色、深灰色和灰褐色泥岩，夹薄层砂岩或泥质砂岩，富含生物化石。这一时期沉积了渤中凹陷另一套湖相烃源岩。

6. 东营组上段沉积时期：伴随着凹陷沉降的减慢和三角洲沉积的快速推进，湖水大规模退缩，凹陷区逐渐填平，地势更加平坦，低地逐渐填平，形成以河流平原相为主的沉积环境。湖区范围缩小，以滨浅湖相为主，河流平原相广泛分布，河网发育，外源沉积物从各个方向向湖盆输送，导致湖缘普遍发育中小型三角洲沉积，是古近系重要的储层发育期。渐新世末期，开始遭受剥蚀，从而结束了古近纪的湖盆演化史。

第三章　实习内容

3.1　进入工区基本操作流程

1. 在 Project Manager(图 3－1)对话框中用左键选择工区名 students，输入工区 Password，点击 Connect，最后点击 Application Manager。

2. 在 Application Manager(图 3－2)中左键点击选择 SEISMIC 模块，并在解释模块 IESX

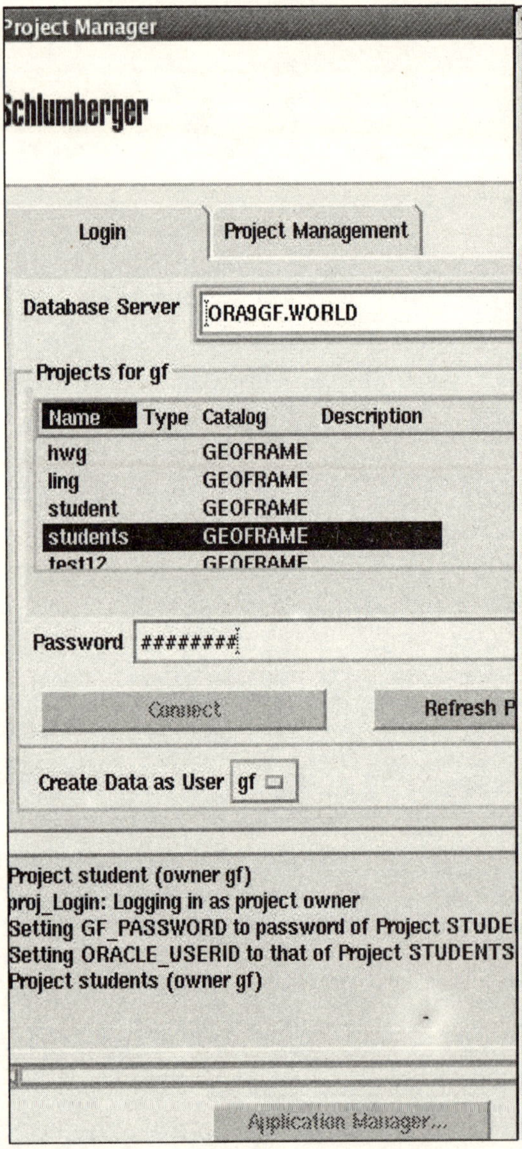

图 3－1　Project Manager 登陆界面

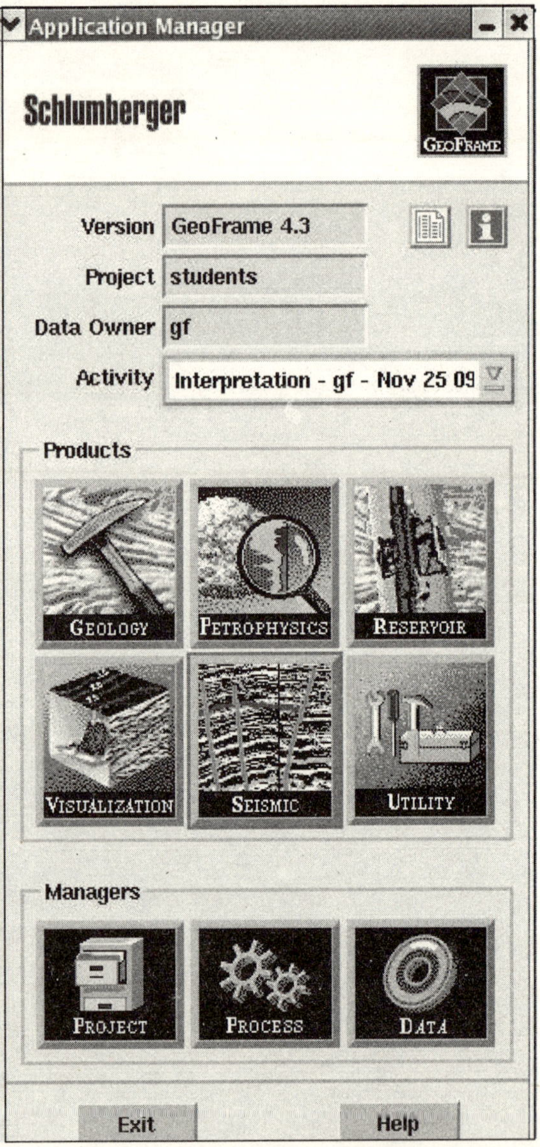

图 3－2　Application Manager 界面

中，使用 New Run 功能创建新 Session，可以重新命名 Session，以便下次方便调用[图 3 - 3 (a)]。

3. 在 IESX Session Manager[图 3 - 3(b)]中选 Applications 菜单，在 Interpretation 子菜单中点击 Basemap 和 Seis3DV 分别显示平面图视窗和地震剖面图视窗。

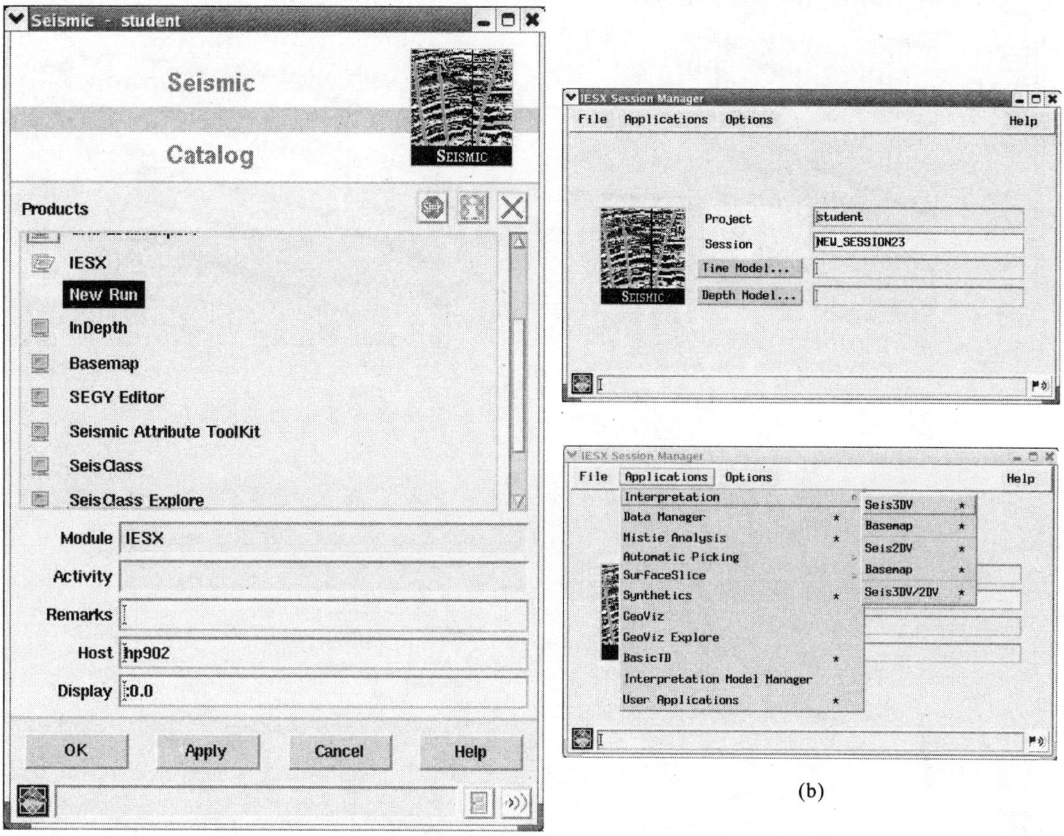

(b)

(a)

图 3 - 3　Seismic 和解释模块 IESX

3.2　层位、断层命名与调用

在 Seis3DV 地震剖面图对话框(图 3 - 4)的 Define 菜单中点击 Horizon 和 Fault，在层位和断层管理对话框中分别定义层位及断层的名字、线宽、线类型、线颜色等参数(图 3 - 5、图 3 - 6)，并点击 Active 激活，就可以在 Seis3DV 地震剖面图对话框中进行解释。

在 Seis3DV 地震剖面图对话框(图 3 - 4)的 Post 菜单中点击 Interpretation(图 3 - 7)，在 Post Interpretation(图 3 - 8)中选择已经解释的层位和断层，并设置层位和断层在地震剖面视窗中显示的各种参数设置。

同样在 Basemap 视窗中的 Post 菜单中点击 Interpretation，在 Interpretation 对话框中设置要显示的各种平面属性参数(图 3 - 9)。

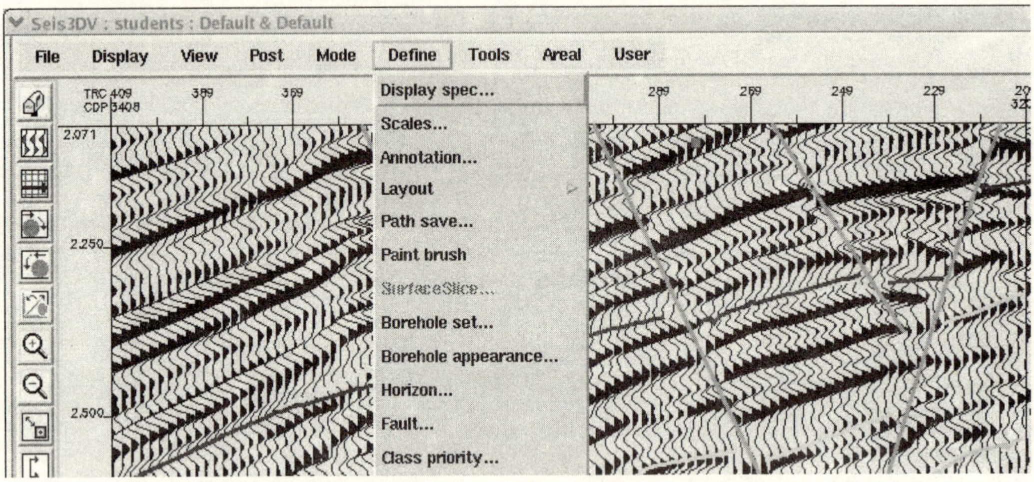

图 3-4　Seis3DV 地震剖面图视窗 Define 菜单

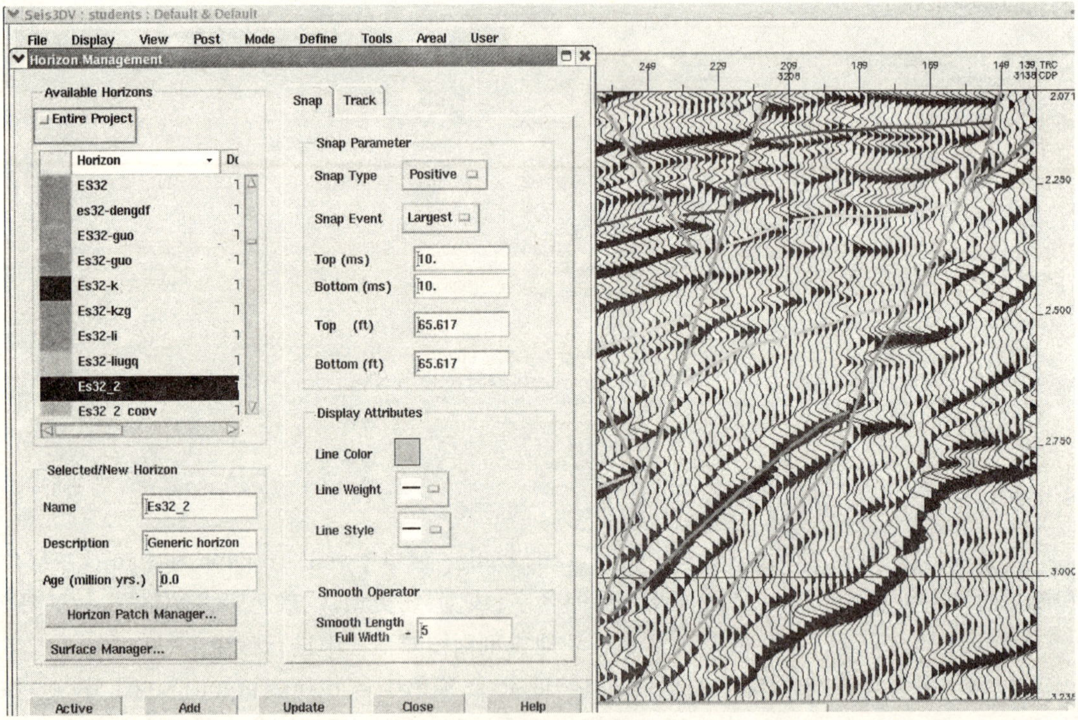

图 3-5　Seis3DV 地震剖面图视窗 Horizon 对话框

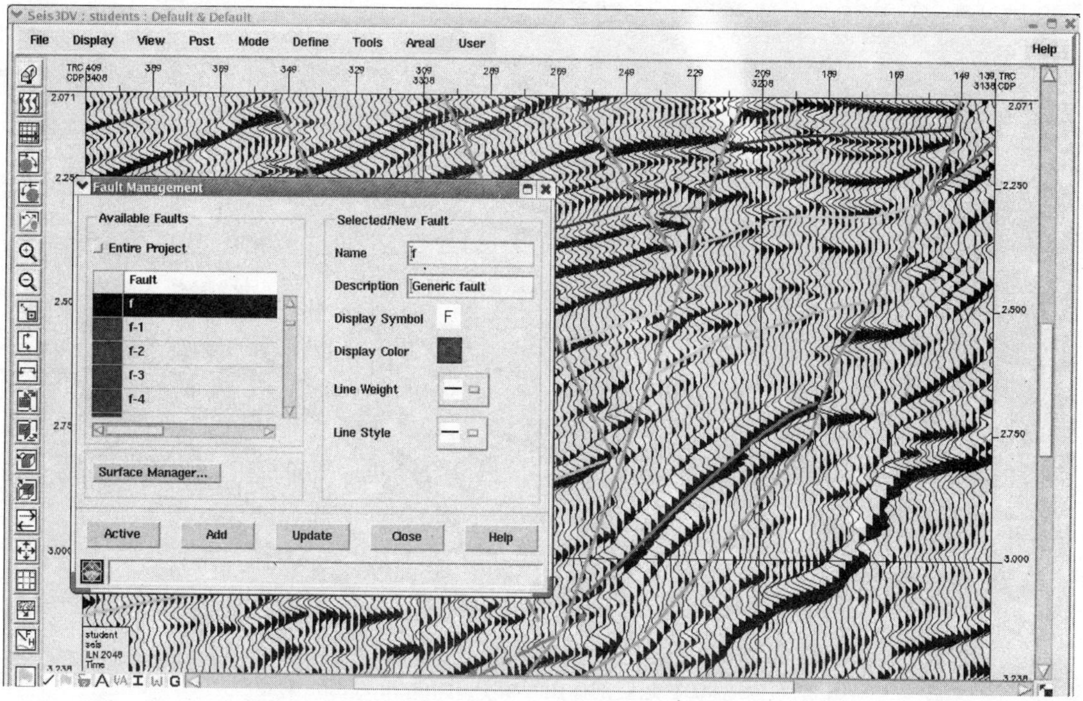

图 3－6　Seis3DV 地震剖面图视窗 Fault 对话框

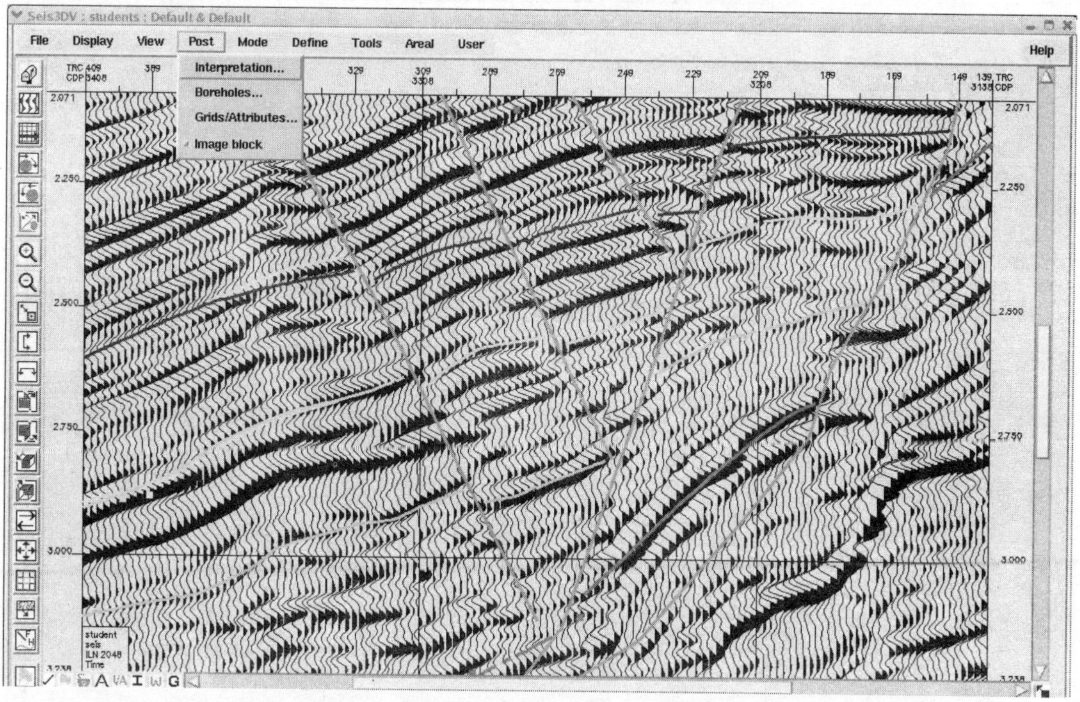

图 3－7　Seis3DV 地震剖面图视窗 Post 菜单

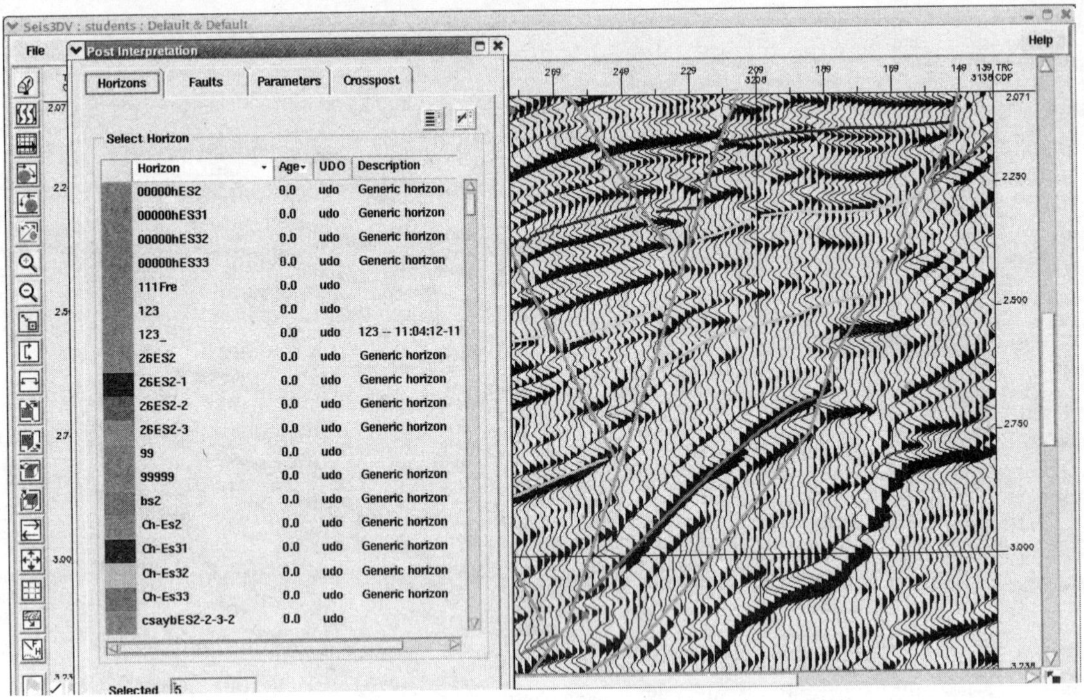

图 3－8　Seis3DV 地震剖面图视窗 Post Interpretation 对话框

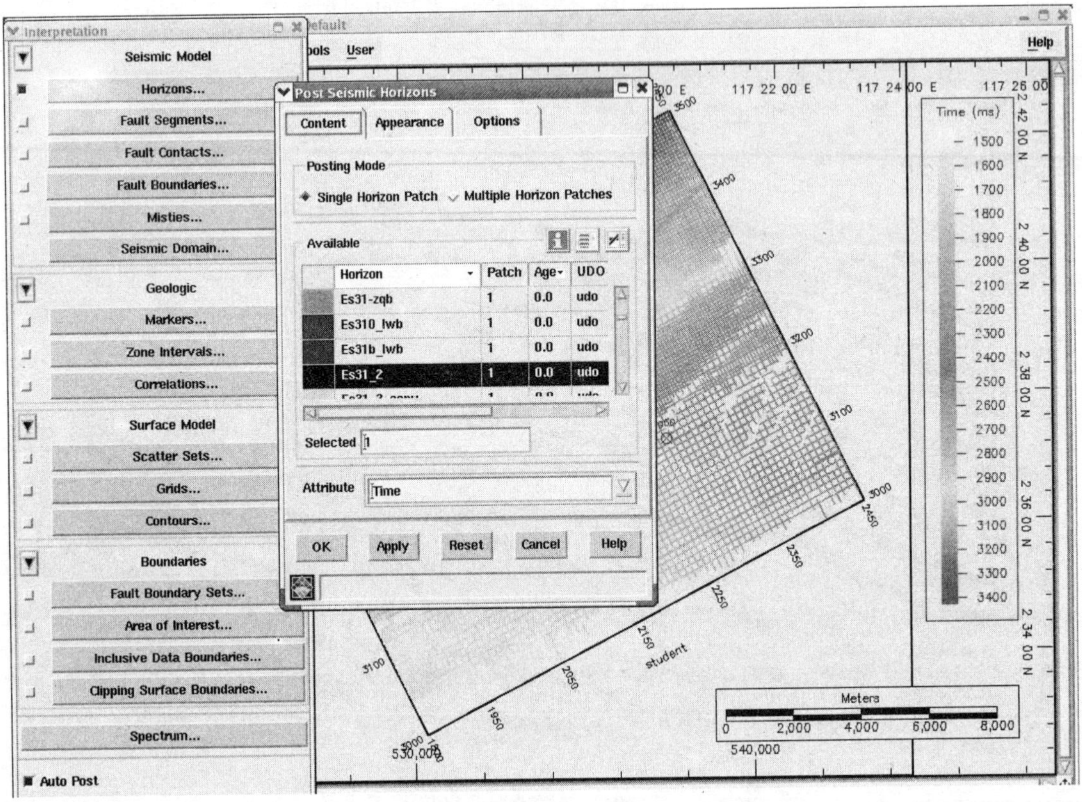

图 3－9　Basemap 视窗 Interpretation 对话框

3.3 等时层序地层格架建立

3.3.1 构造解释准备

1. 地震道的显示方式如图 3-10 所示，常用 Variable area/wiggle。

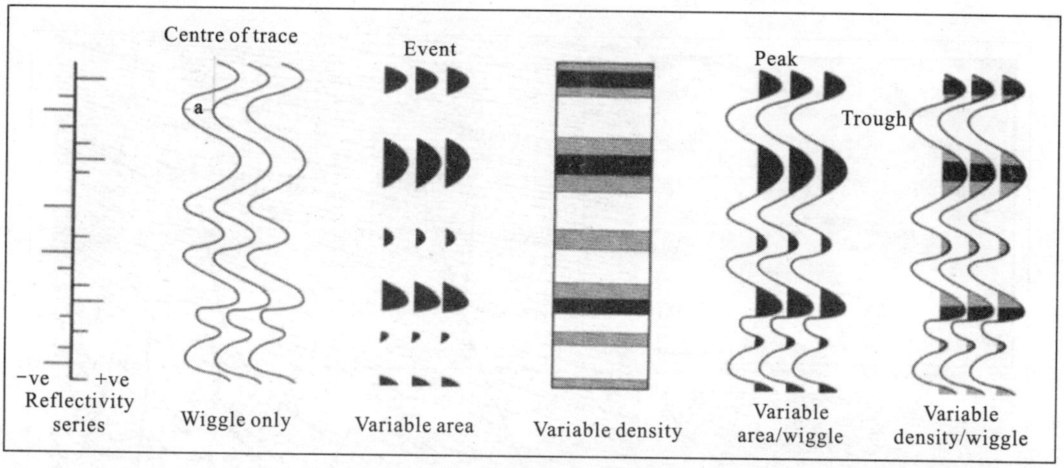

图 3-10 地震道的显示方式

2. 搜集了解研究区或邻区有关的地质资料，主要包括地质背景、盆地类型和主要构造特点。

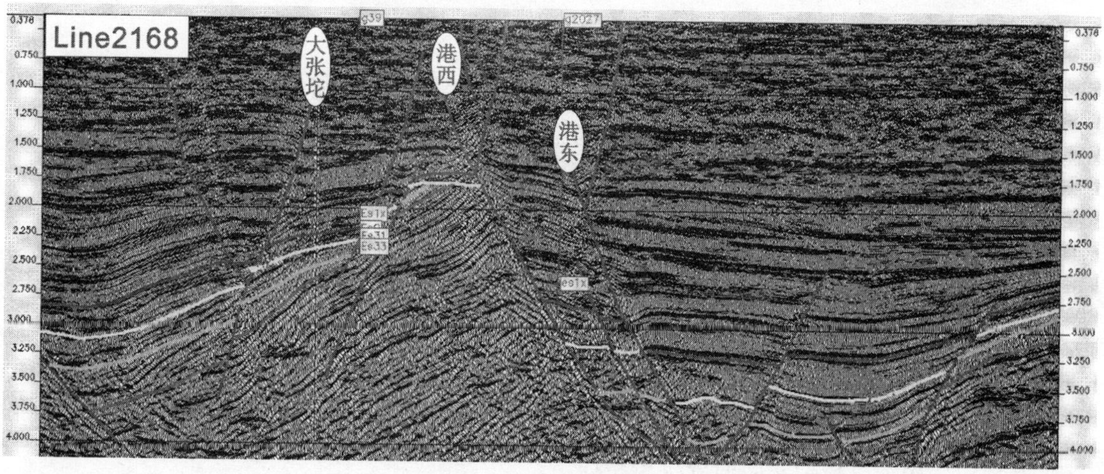

图 3-11 主测线 Line2168 地震剖面图

3. 搜集了解研究区的地球物理资料：浏览工区地震剖面，熟悉剖面特征，建立地质模型(图 3-11)。

3.3.2 地震剖面断层识别技巧

在地震剖面上断层常出现以下现象(图 3－12)：

1.反射波发生错断,一般指示中小断层。

2.反射波同相轴数目突然增加、减少或消失,多出现在盆地或断陷中同沉积断层。

3.同相轴形状突变,下盘反射凌乱或空白反射——指示断距大延伸长的控盆大断裂。

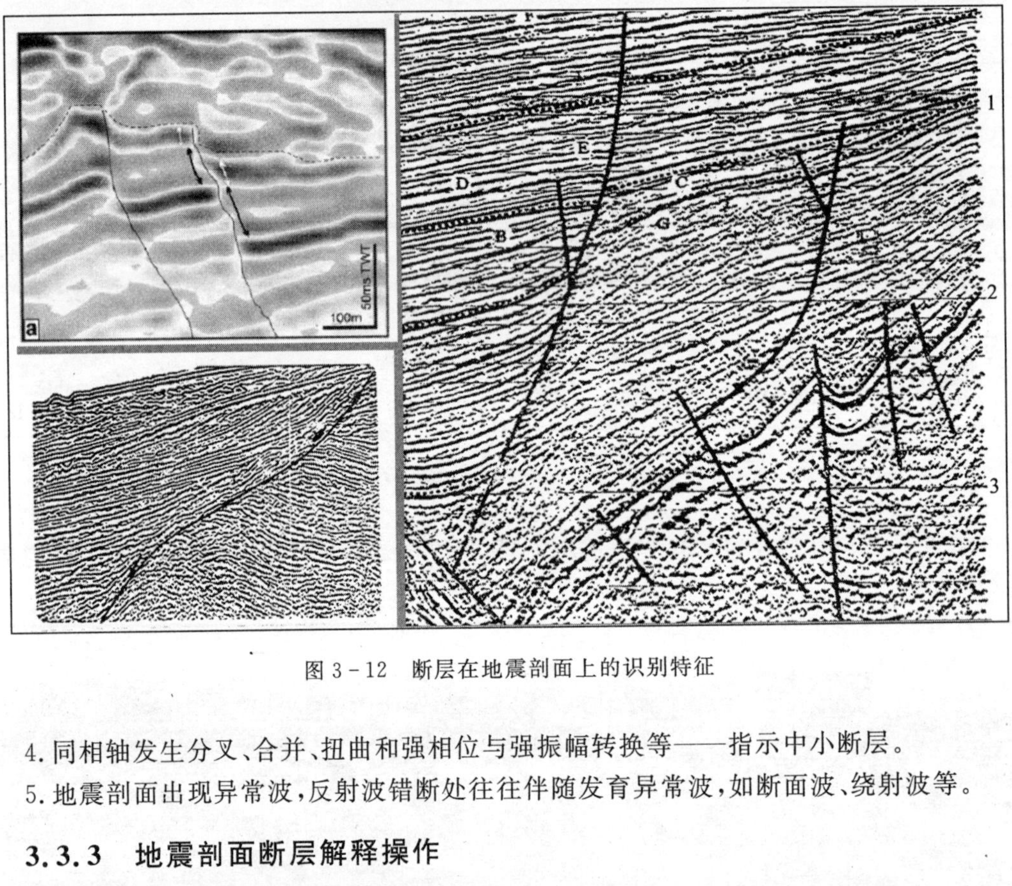

图 3－12 断层在地震剖面上的识别特征

4.同相轴发生分叉、合并、扭曲和强相位与强振幅转换等——指示中小断层。

5.地震剖面出现异常波,反射波错断处往往伴随发育异常波,如断面波、绕射波等。

3.3.3 地震剖面断层解释操作

在 3.2 节中操作并激活定义的断层,在地震剖面视窗中点左键画线解释断层,并在右键菜单中编辑或删除已经画好的断层线段。

3.3.4 地震剖面层序标定与识别

层序是指一套相对整合的、成因上有联系的、以不整合或与之可对比的整合的地层单元。

盆地中层序地层格架建立的分析思路如下。

1.分析盆地的构造发育阶段——构造分析是划分一级层序和二级层序的重要手段。

2.分析地震剖面反射特征。主要地震识别标志:地震的反射终止类型及地震波的关系。终止类型有削截、顶超、上超、下超 4 种。观察地震波的协调与不协调关系,辨别对应地质上地层整合与不整合接触(图 3－13)。

(1)削蚀(削截、侵蚀):层序的顶部反射终止,既可以是下伏倾斜地层的顶部与上覆水平地

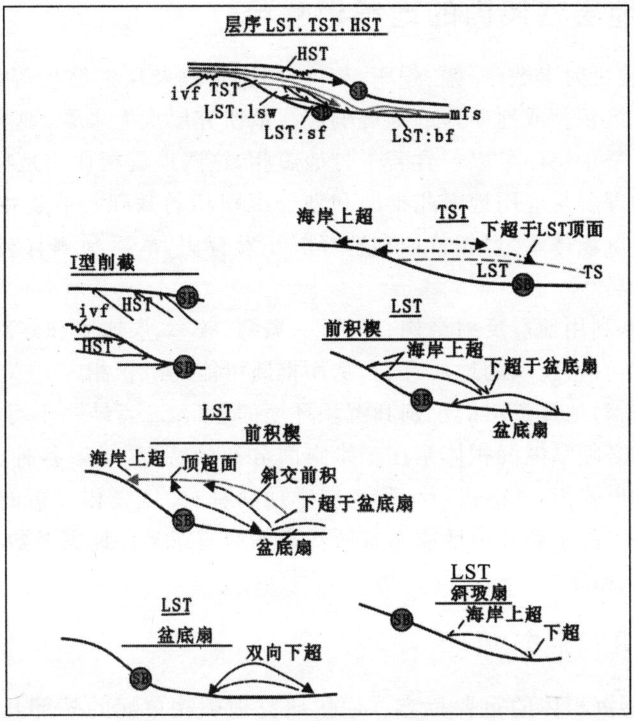

图 3-13　层序内部地震反射终端模式

层间的反射终止，也可以是水平地层的顶部与上覆地层沉积初期侵蚀河床底面间的终止。它代表一种侵蚀作用，说明在下伏地层沉积之后，经过强烈的构造运动或者强烈的切割侵蚀。

(2)顶超：下伏原始倾斜层序的顶部与由无沉积作用的上界面形成的终止观象。它通常以很小的角度，逐步收敛于上覆层底面反射上。这种现象在地质上代表一种时间不长的、与沉积作用差不多同时发生的过路冲蚀现象。顶超与削蚀的区别在于它只出现在三角洲、扇三角洲沉积的顶积层发育地区。顶超与削蚀属地层与层序上界面的关系。

(3)上超：层序的底部逆原始倾斜面逐层终止。它表示在水域不断扩大情况下逐层超覆的沉积现象。根据距离物源远近，上超又可以区分为近端上超和远端上超。靠近物源称近端上超，远离物源称远端上超。只有当盆地比较小而物源供应充分时，沉积物才可能越过凹陷中心而到达彼岸，形成远端上超。

(4)下超：层序的底部顺原始倾斜面向下倾方向终止。下超表示一股携带沉积物的水流在一定方向上引力的前积作用。

3.3.5　地震剖面层位解释操作

在 3.2 节中操作并激活定义的层位，在地震剖面对话框中点左键画线解释层位，并在右键菜单中修改或删除已经画好的层位线段。在有沉积体或者不整合面出现的层段，注意识别包络面，以防止解释的层位出现穿时的现象。

3.4　等时地层格架内的地震相解释

地震相是由地震反射参数(振幅、频率、相位、同相轴以及反射结构等)所限定的三维地震反射单元,它是特定沉积相或地质体的地震响应。从研究层次上来看,地震相是地震层序或体系域的次一级单元,一个层序可以包含若干种地震相,这些地震相往往是特定沉积相的地震响应,因此对地震相的理解是应用地震相推断和划分沉积相的基础。地震相分析的目的是进行区域地层解释,确定沉积体系、岩相特征和解释沉积发育史,最后预测有利于生储盖组合发育的相带。

地震相分析就是利用地震反射结构、连续性、振幅、频率、层速度和外部几何形态等参数解释和分析不同参数组合所反映的地质意义,从而推断可能的沉积相。

地震相分析包括对地震资料的识别和沉积环境的理解,二者缺一不可,它大致可概括为两方面:①地震相分析必须掌握沉积体系在三维空间分布的特点,了解各种沉积环境模式、地层组合模式、沉积发育模式等,才能进行地震地层学的解释;②地震相分析的另一个基础是要掌握地震勘探的基本原理,了解各项地震参数所代表的地质意义。地震参数主要指反射结构、连续性、外部几何形态、振幅、频率、层速度等。

3.4.1　外部几何形态

外部形态是识别沉积体的重要标志。通过研究地震相单元的外部几何形态及其空间展布,可以了解总的沉积环境、沉积物源和地质背景。外部形态是一个重要的地震相标志。不同的沉积体或沉积体系,在外形上是有差别的。即使是相似的反射结构,因为外形的不同,也往往反映了完全不同的沉积环境。

外部几何形态可以分为席状、席状披盖、楔状、滩状、透镜状、丘形和充填型等(图 3-14)。

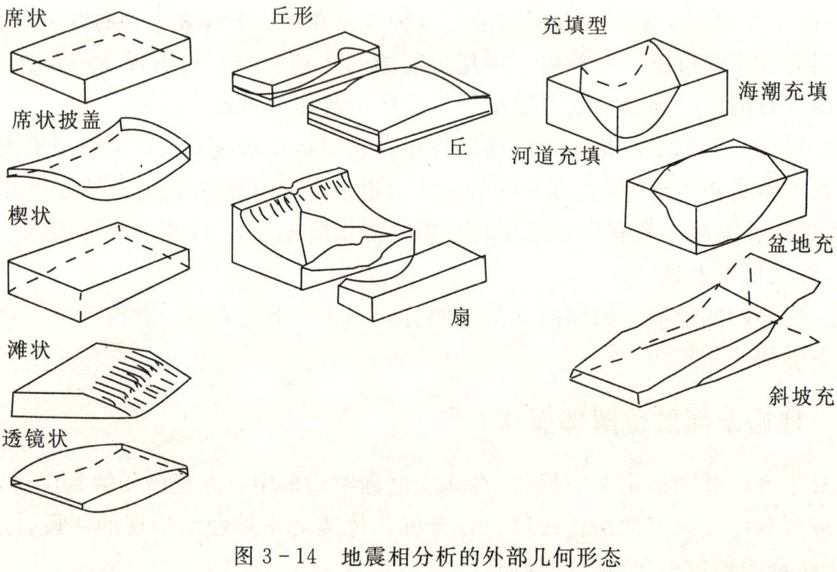

图 3-14　地震相分析的外部几何形态

1. 席状(或板状):席状反射是地震剖面上最常见的外形之一,是由一组平行和亚平行的地震反射同相轴组成，其主要特点是上下界面接近于平行，厚度相对稳定，一般出现在均匀、稳定、广泛的前三角洲、浅海口、半远洋和远洋沉积中，主要为质纯、层厚的泥岩夹薄层粉砂岩。

2. 席状披盖：反射层上下界面平行，但弯曲地盖在下伏沉积的不整合地形之上，它代表一种均一的、低能量的、与水底起伏无关的沉积作用。席状披盖一般沉积规模不大，往往出现在礁、盐丘、泥岩刺穿或其它古地貌单元之上。

3. 楔状：由一系列反射振幅较强、连续性中等的反射同相轴组成。其特点是在倾向方向上厚度逐渐增厚，而后地层突然终止，在走向方向则常呈丘状。厚度一般向盆地方向变薄，剖面形态呈楔状。楔状代表一种快速、不均匀下沉作用，往往出现在同生断层下降盘、大陆斜坡侧壁的三角洲、浊积扇和海底扇中，是陆相断陷湖盆最常见的地震相单元。楔状相单元内部如为前积反射结构，常代表扇三角洲；如分布在同生断层下降盘，而且内部为杂乱、空白、杂乱前积或帚状前积，则是近岸水下扇、冲积扇或其它近源沉积体的较好反映。

4. 滩状：滩状是楔状的一种，其特点是顶部平坦而在边缘一侧反射层的上界面微微下倾，厚度小，面积大。一般出现在陆架边缘、地台边缘和碳酸盐岩台地边缘。

5. 丘形：丘形是由一组披覆状的同相轴组成，剖面显示中间厚两侧薄的上凸丘形特征，上覆地层上超于丘形之上。其特点是凸起或层状地层上隆，高出于围岩。丘形与透镜状的区别是具有平底，它的顶部突起，周围反射常从两侧向上超覆。大多数丘形是碎屑岩或火山碎屑岩的快速堆积或生物生长形成的正地形。不同成因的丘形体具有不同的外形，根据外形上的差异，可以分为简单扇形复合体（如水下扇、三角洲朵叶）、重力滑塌块体、等高流丘、碳酸盐岩岩隆（滩和礁）。丘状外形在断陷盆地边界也很常见。近岸水下扇、冲积扇等的走向剖面也常显示丘状。湖盆内部的中、小型三维丘状体，特别是在其顶面有披盖反射出现时，是浊积扇的标志。

6. 透镜状：透镜状是一组亚平行反射中存在的较强振幅、延伸较短的地震反射同相轴，向两侧振幅减弱，直至尖灭。特点是中部厚度大，向两侧尖灭，外形呈透镜体。一般出现在古河床、沿岸砂坝处，有时在沉积斜坡上也可见到透镜体，是典型的河流相沉积体。

7. 充填型：充填型是一组平坦、倾斜及上凸的反射同相轴充填在明显下凹的沉积界面之上。根据外形的差别可划分为河道充填、海槽充填、盆地充填和斜坡前缘充填等。充填型代表各种成因的沉积体，如侵蚀河道、海底峡谷、海沟、水下扇、滑塌堆积等。河道充填的规模虽小，但意义重大。

根据内部结构还可以划分为上超充填、丘形上超充填、发散充填、前积充填、杂乱充填和复合充填等。

(1)丘形充填与沉积物两侧斜坡的重力下滑、丘形体中心和两翼沉积物的差异压实有关，但是最根本的原因还在于沉积物的局部地段堆积过快、过多。因此，一旦发现丘形充填就应仔细研究通过丘形体的纵、横向测线，找出它们的物源，并恢复它们的古沉积体系，而不是简单地把它们的成因归结为构造力的横向挤压。

(2)前积式充填是同一方向倾斜的地层超覆在下凹沉积界面之上，为深水沉积的席状反射。前积充填往往和扇或三角洲有密切关系。研究盆地充填必须与研究盆地的性质紧密联系。就一个盆地或凹陷的性质来说，有侵蚀型（如侵蚀谷）、坳陷型、地堑型、单侧断陷（箕状凹陷）型。不同性质的盆地（或凹陷、谷地、断陷、坳陷）对其上覆地层的充填类型有明显的影响。

(3)上超式充填是平坦的反射同相轴双向上超在底凹的沉积界面之上，为深水浊积扇水道或深切谷的地震响应。

3.4.2　内部反射结构

内部反射结构指地震剖面上层序内部反射同相轴之间的延伸情况和其相互关系。它们是鉴别沉积环境最重要的地震标志。

R. M. Mitchum 等人(1977)根据内部反射结构的形态,划分为平行与亚平行、发散、前积、乱岗、杂乱反射结构以及无反射 6 种(图 3－15)。

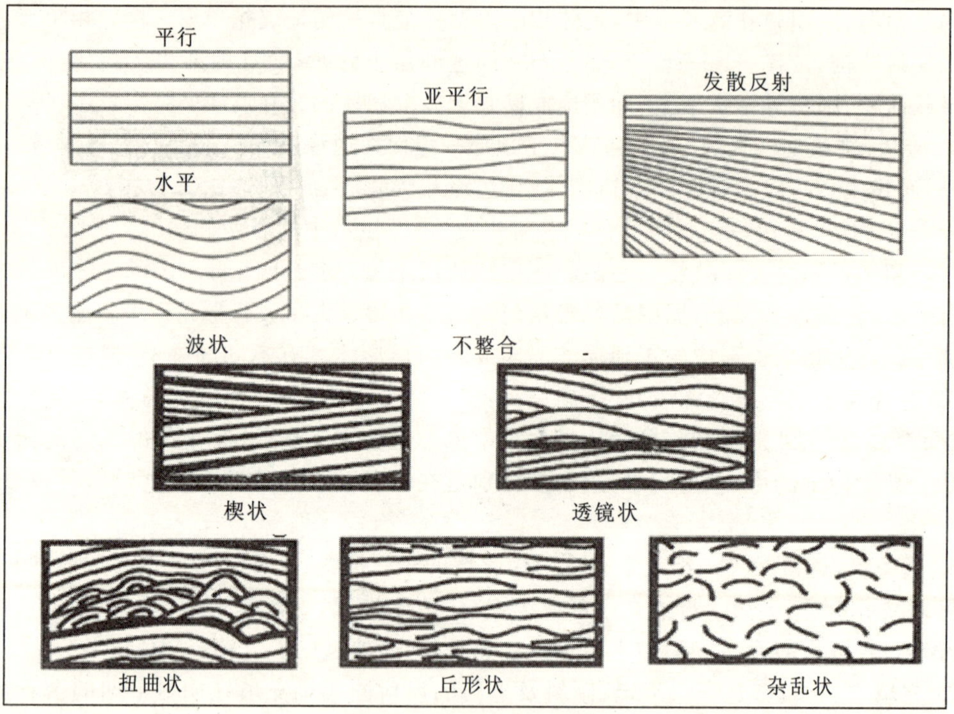

图 3－15　地震相分析的内部反射结构标志

1. 平行与亚平行:反射层由一组平行和亚平行的地震反射同相轴构成,地震相以中强振幅、中高连续性、近平行反射结构为特征,以反射层平行或微微起伏为主要特征。它往往出现在席状、席状披盖及充填型单元中。平行与亚平行反射代表均匀沉降的陆架三角洲台地或稳定的盆地平原背景上的均速沉积作用。

2. 发散反射结构:其特点是相邻两个反射层的间距下向同一个方向倾斜,横向加厚是由于单元内每个周期的增厚造成的,而不是由底面或顶面上的上超、顶超或侵蚀造成的。一般在收敛的方向上反射层突然终止。出现这种现象可能是由于地层厚度向上倾方向变薄,低于地震分辨率的原故。反射层呈现向湖盆方向增多并加厚而向盆地边缘厚度减薄并出现非系统性终止的反射,发散地震相反射振幅强,连续性好。发散结构一般出现在楔状单元中,表明沉降速度差异不均衡沉积。

3. 前积反射结构:前积反射结构是由一组向同方向倾斜的同相轴组成,在前积反射的上部和下部常有水平或微倾斜的顶积层和底积层。前积反射结构通常反映某种携带沉积物的水流在向前(向盆地)推进(前积)的过程中由前积作用产生的反射结构,这种反射结构在地震剖面上最容易识别。它在倾向剖面上相对于其上下反射层系均是斜交的。J. L. Rich(1951)称为退覆反射或倾斜型反射层系,它是陆架-台地或三角洲体系向盆地方向迁移过程中沉积在前三角洲或大陆坡环境内岩相的地震响应。根据前积反射结构内部形态上的差别,可以划分为S型前积、斜交型前积、S-斜交复合型和叠瓦型4种(图3-16)。

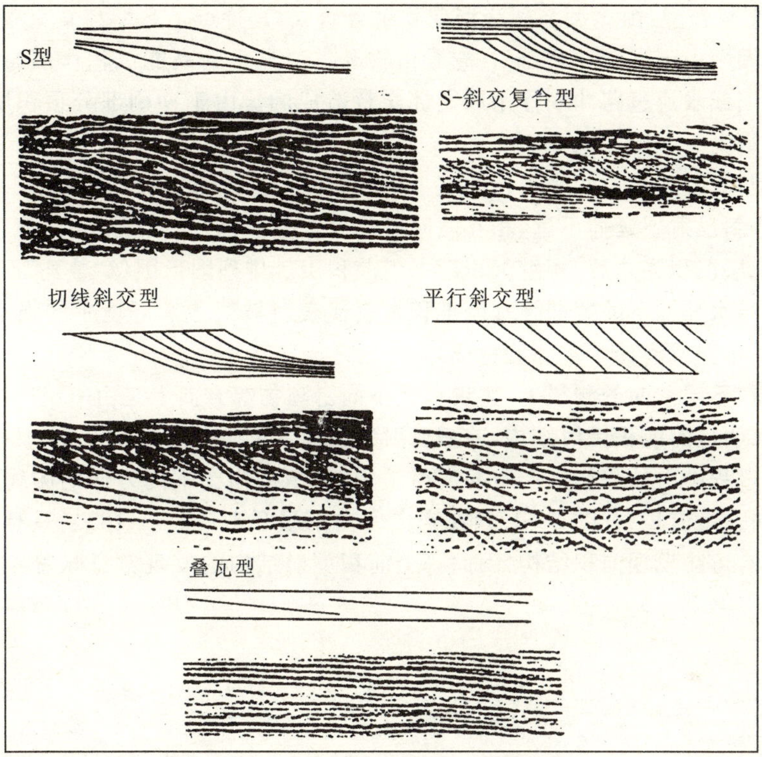

图3-16　地震相分析的前积反射结构类型

(1)S型前积反射结构:其特点是总体为中间厚两头薄的梭状,前积反射层呈"S"形,近端整一或顶超,远端下超,一般具有完整的顶积层、前积层和底积层。这种结构连续性中到好,振幅中到强,周期宽向盆地方向则逐渐变窄。它意味着较低的沉积物供给速度及较快的盆地沉降,或快速的水面上升,是一种代表较低水流能量的前积结构,如代表较低能的富泥河控三角洲或三角洲朵状体间沉积。该反射结构横向变化,向上游呈S-斜交复合型结构,向下游往往过渡为平行结构,倾角小于1°。

(2)斜交型前积:由一组相对平直倾斜的同相轴组成,上倾方向与上覆层顶超,顶超点不断向湖盆中心迁移,下倾方向反射层倾角逐渐变缓。这种结构一般反映沉积物供给速度快的强水流环境。包括切线斜交和平行斜交两种。切线斜交无顶积层,只保留底积层,具有低角度切线状下超。

切线斜交型:由斜交型派生出来的一种反射结构,其特点是无顶积层,有前积层,在前积层的下部倾角逐渐减小,过渡为倾斜平缓的底积层,呈切线型下超。切线斜交与平行斜交型相似，同样代表快速堆积高能量的沉积机制，所不同的是底部能量减弱。因此，能量小于平行斜交型。

平行斜交型：由很多相对倾斜而又互相平行的反射组成，其上倾方向对上界面顶超或削蚀，下倾方向下超于下界面之上，也就是说没有顶积层也没有底积层，只有倾斜的前积层。前积层的视倾角最大可达10°。地震反射连续性较低，振幅较弱，周期窄，向盆地方向也窄。斜交型前积代表沉积物供应速度快，水流能量大，改造作用较强的沉积条件。

(3)S-斜交复合型：由S型与斜交型前积组合而成，其特点是S型与斜交型反射层交互出现。地震反射振幅中到强、连续性好。它是由物源供给充足的高能沉积作用与物源供给减少的低能沉积作用或水流过路冲刷作用周期性交替造成的。由于冲刷部分顶积层，顶积层常不发育。水流能量高于S型但低于斜交型。

(4)叠瓦型：其特点是在两个平行的上下界面之间，有几组微微倾斜的互相平行的、不连续的反射层，这些斜反射层延伸不远，相互之间有部分重叠，它们无顶积层也无底积层，只有前积层，每一组前积层沉积完之后，相继沉积后一组前积层。排列图形因像“叠瓦”而得名。该反射结构代表一种浅水环境下的短期强水流堆积。它代表斜坡区浅水环境中的强水流进积作用，是河流、缓坡三角洲或浪控三角洲的特征。

前积结构在不同方向的测线上，表现形式不同。顺物源方向上是由一组向同方向倾斜的、同相轴形成的、明显的前积反射结构，前积反射结构通常反映某种携带沉积物的水流在向盆地推进(前积)的过程中由前积作用产生的反射结构，前积结构在不同方向的测线上表现形式不同，在倾向方向上呈前积型(图3-17)，在走向方向则呈丘形(图3-18)。只有在平行水流方向的剖面中才有可能发现前积结构，因而一个前积反射结构的发现常意味着一个沉积体(系)的发现。

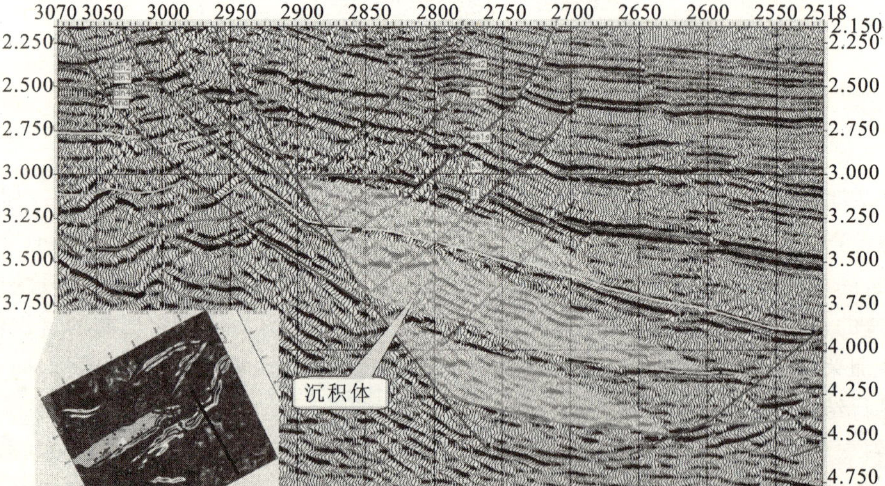

图3-17　歧北凹陷沙三段主要沉积体顺物源地震反射特征

4. 乱岗状反射结构：由不规则的、不连续亚平行的反射组成，常有许多非系统的反射终止和同相轴分裂现象，波动起伏幅度小，接近地震分辨率的极限。乱岗状反射结构侧向变为比较

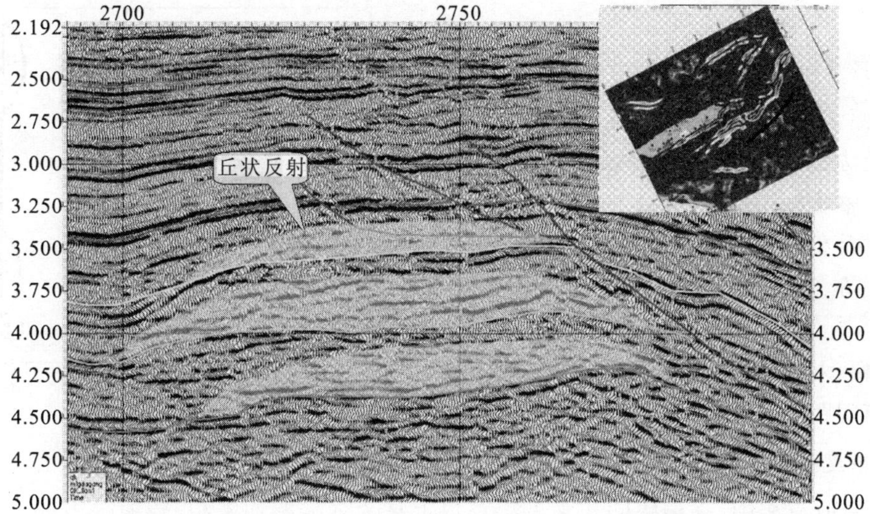

图 3-18　歧北凹陷沙三段主要沉积体垂直物源方向地震反射特征

大的、明显的斜坡沉积模式，向上递变为平行反射。

该反射结构代表一种分散弱水流或河流之间的堆积，解释为前三角洲或三角洲之间的指状交互的、较小的斜坡朵叶地层。

5. 杂乱状反射结构：其特点是不连续、乱岗状、杂乱状、不规则状的反射，振幅短而强。它可以是地层受剧烈变形，破坏了连续性之后造成的，也可以是在变化不定相对高能环境下沉积的。在滑塌构造、浊流、泥石流、切割与充填河道综合体、高度断裂的、褶皱的或扭曲的地层中，都可能产生这种反射结构。

事实上，许多火成岩侵入体，泥丘（盐岩）刺穿以及深部地层都可能出现杂乱反射结构。这些地质体本身可能是均质的或成层的。但因为它们反射能量太弱，低于随机噪声的水平而呈现不规则的杂乱结构。另外盐体与围岩界面不规则也是形成杂乱反射的原因。

6. 空白反射（无反射）：由于缺乏反射界面造成的，反映了纵向上沉积作用的连续性。如厚度较大的快速和均匀的泥岩沉积，它们有利于碳氢化合物的生成和超压带的形成。无反射有时也反映均质的、无层理的、高度扭曲的或者倾角很陡的砂岩、泥岩、盐岩、礁和火成岩体。这些岩层或岩体的顶底界常有强反射。

3.4.3　振幅

振幅是质点离开它平衡位置的最大位移。根据物理学可知，振幅能量的大小与振幅平方成正比。振幅直接与波阻抗差有关，波阻抗差高，则振幅强；波阻抗差低，则振幅弱。振幅与界面的反射系数成正比，反射系数越大，振幅越强。由于振幅中包括反射界面上、下层岩性，岩层厚度，孔隙度及所含流体性质等方面的信息，因此可用振幅信息来预测岩性横向变化，可以依据振幅的强度与丰度标准等振幅信息判别岩性及主要的沉积环境。振幅的快速变化说明两组地层之中的一层或两组地层的性质发生了巨大的变比。相反，振幅在大面积内是稳定的，说明上覆和下伏地层岩性之间连续性良好，岩性和物性在横向上变化不大。

振幅可以分为强、中、低 3 个级别(图 3-19)。

(一)强度标准

强振幅:时间剖面上相邻地震道振幅重叠在一起,无法分辨;时间剖面上振幅超过一个地震道(大于整个间距)。

中振幅:相邻地震道部分重叠,但可用肉眼分辨;振幅在 0.5～1 个地震道之间(大于 1/2 间距)。

低振幅:相邻地震道相互分离;振幅小于1/2地震道间距(小于 1/2 间距)。

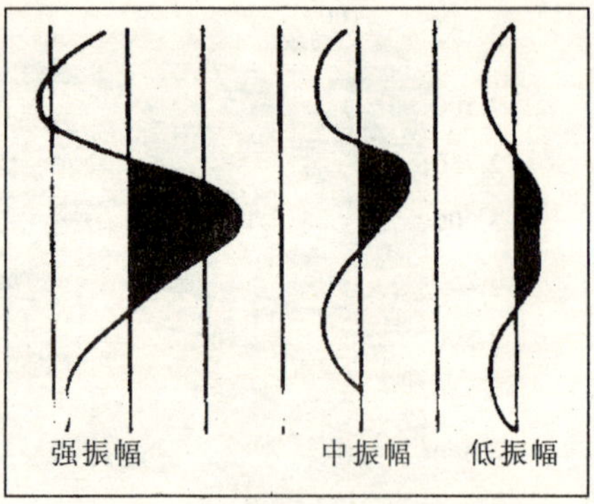

图 3-19　振幅强弱分类示意图

(二)丰度标准

在一种地震相中,强振幅同相轴占70%以上称为强振幅地震相;弱振幅占70%以上称为弱振幅地震相;两者之间为中振幅地震相。

3.4.4　连续性

指同相轴连续的范围。连续性直接与地层本身的连续性有关,连续性愈大,沉积的能量变化愈低,沉积条件就愈是与相对低的能量级变化有关。反射同相轴的连续性反映了不同沉积条件下地层的连续程度及沉积条件变化,它与地层本身的连续性有关。一般情况下,反射波连续性好,表明地层连续性好,为沉积条件稳定的较低能环境;反射波连续性差代表较高能的不稳定沉积环境。

根据同相轴连续排列的长短分为连续性好、连续性中等、连续性差 3 级(图 3-20)。

(一)长度标准

高连续性:同相轴连续长度大于 600m。

中连续性:同相轴长度接近 300m。

低连续性:同相轴长度小于 200m。

(二)丰度标准

连续性好:连续性好的同相轴在一个地震相中占70%以上。

连续性差:连续性差的同相轴在一个地震相中占 70%以上。

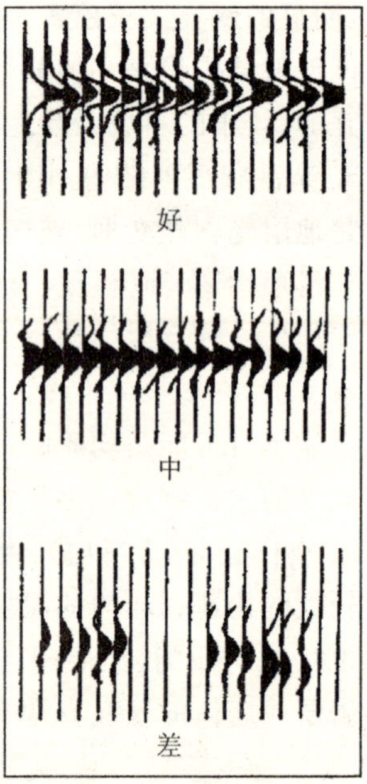

图 3-20　振幅连续性分类示意图

3.4.5　频率

频率表示质点在单位时间内振动的次数,而视频率指的是地震时间剖面中反射同相轴呈现的频率。在一定程度上频率与地层结构、反射层厚度、层速度变化等地质因素有关。频率横向变化小说明地层稳定，往往产生在低能沉积环境中。如果频率横向变化大，说明岩性快速变化，一般产生在高能沉积环境中。频率横向变化快，一般反映岩性变化大。

按相位排列稀疏程度可分为高、中、低3级(图3-21)。

高频：相邻同相轴紧密排列，“能量团”前部呈尖锋状。

中频：相邻同相轴间距相等，“能量团”前部较钝。

低频：相邻同相轴间距稀疏，“能量团”前部钝圆。

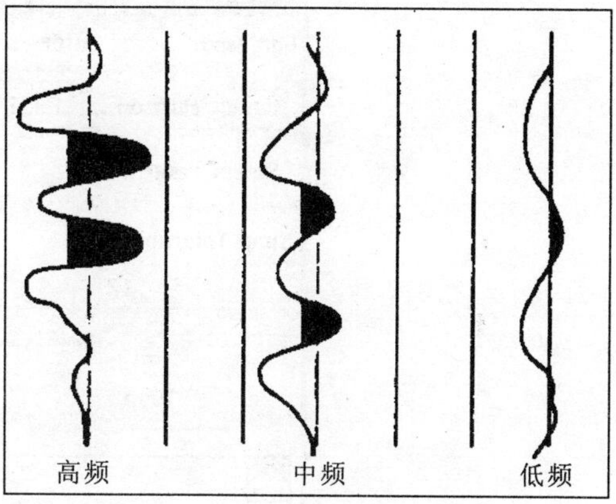

图3-21　频率分类示意图

3.4.6　地震相的命名

以上所述的几项地震相划分标志中，以外部几何形态和内部反射结构划分地震相时比较直观。由于不同沉积相都有其独特的堆积几何形态和内部结构，因此受到国内外地震地层学家们的广泛应用。振幅、频率等参数受客观和主观因素影响较大，如野外激发条件、使用仪器型号、性能以及处理资料选取参数的变化带来某些多解性。因此，二者需要互相配合、综合解释才能获得比较圆满的效果。

因此，在地震剖面识别沉积体时是以内部反射结构或外部形态为主，以连续性、振幅、频率等为辅。

一般采用突出主要特征的复合命名法。在地震相参数中，反射结构和外形最为可靠，其次为连续性和振幅，频率可靠性最差。因此，在地震相命名时，应以结构和外形为主，辅以连续性、振幅、频率等。

命名原则：①分布较局限，具特殊反射结构或外部形态的地震相，可单独用内部反射结构或外部形态命名，如充填相、丘状相、前积相等，也可以将连续性、振幅等作为修饰词放在前面，如高振幅中连续前积相；②分布面积较广，外部形态为席状，反射结构为平行、亚平行时，可主要用连续性和振幅命名，如高振幅高连续地震相。

3.5　构造图成图操作步骤

地震构造图是一种以地震资料为依据，用等深线(或等时线)及其他地质符号(断层、尖灭)显示地下地层面起伏形态的一种平面图件。

作用：反映地质时期的构造特征，提供井位依据。

分类：等 t_0 图、等深度构造图。

1. 编辑需要做构造图层位的 Fault Boundary：Basemap→Edit→Fault boundary 进入 Edit Fault Boundaries 窗口(图3-22)。

Edit Mode ：Eenter(输入)；

Select Horizon：选择需要输入 Fault Boundary 的层位名(图3-23)；

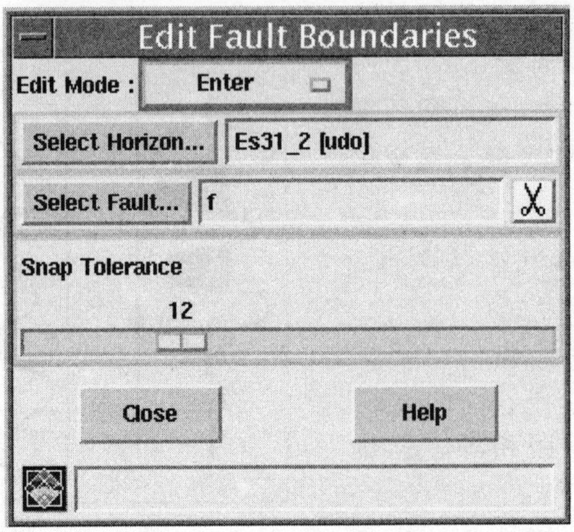

图 3 - 22　Edit Fault Boundaries 对话框

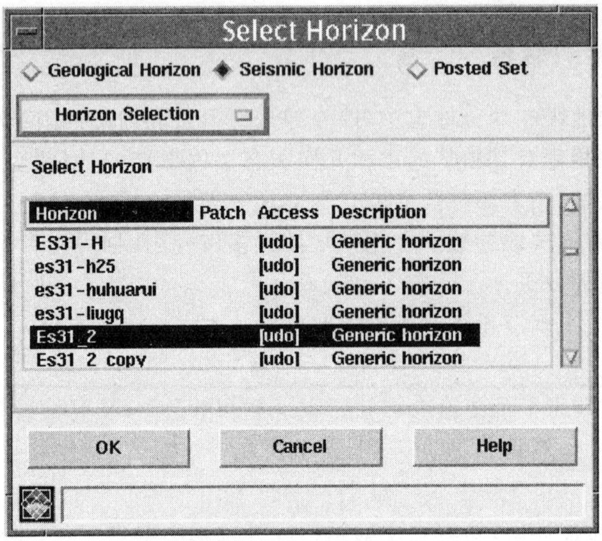

图 3 - 23　Select Horizon 对话框

Select Fault：选择需要制成 Fault Boundary 的断层名(图 3 - 24)；

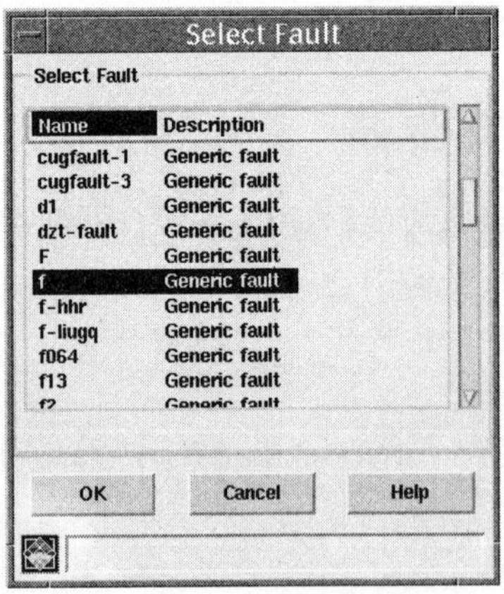

图 3 - 24　Select Fault 对话框

选择完毕后，依据 Basemap 中所选层位的断点，将其相连成 Fault Boundary(图 3 - 25)。

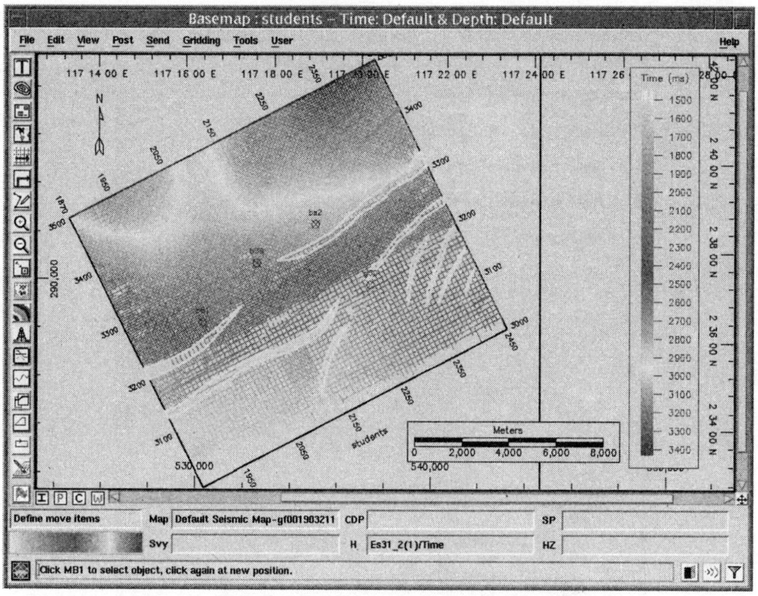

图 3 - 25　断层的平面组合

到此完成对目的层位的 fault boundary 的输入，当需要对 Fault Boundary 作修改或删除时，选择图 3 - 22 中 Edit Mode 中的 Edit、Delete 模式即可。

2. 选择需要制作构造图的边界范围：Basemap→Edit→Boundaries→Clipping Surface(图 3 - 26)圈定边界范围。

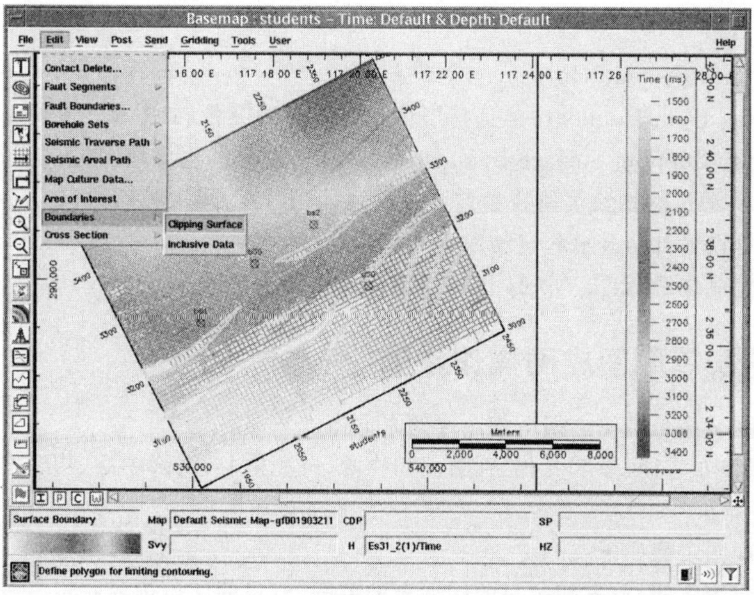

图 3 - 26　Basemap 的 Clipping Surface 对话框

3. 构造图成图：Basemap→Gridding→Structural Gridding（图 3－27）。

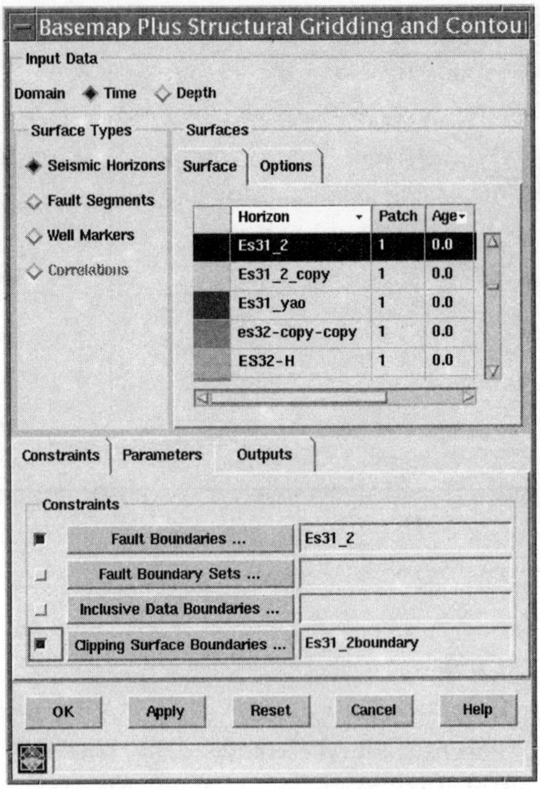

图 3－27　Structural Gridding 对话框

Domain：Time；

Surface Types：Seismic Horizons，选择层位名；

Constraints：Fault Boundaries，选择层位和对应的断层名，如图 3－28 所示；

Constraints：Clipping Surface Boundaries，选择所圈定的边界范围（图 3－29）；

Parameters：通过网格及等值线参数可以设置其光滑度、间距等参数；

Outputs：可设置自动显示和自动保存。

以上设置完成之后，点击 Apply 即可生成该层位的构造图（图 3－30）。

3.6　地层等厚图成图操作步骤

地层等厚图是两套层位之间沉积厚度的平面图。

作用：地层展布特征、厚度变化、判断沉积物源、沉积中心、沉降中心、构造发育史及盆地演化史。

厚度图的成图步骤如下。

1. 厚度图成图之前，首先确定目的层展布的范围，将目的层位边界圈定。

Basemap→Edit→Boundaries→Clipping Surface，保存为 iso_boundary。

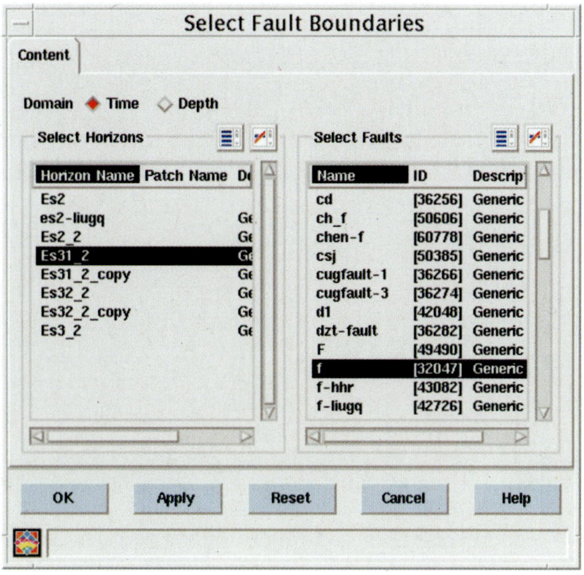

图 3－28　Select Fault Boundaries 对话框

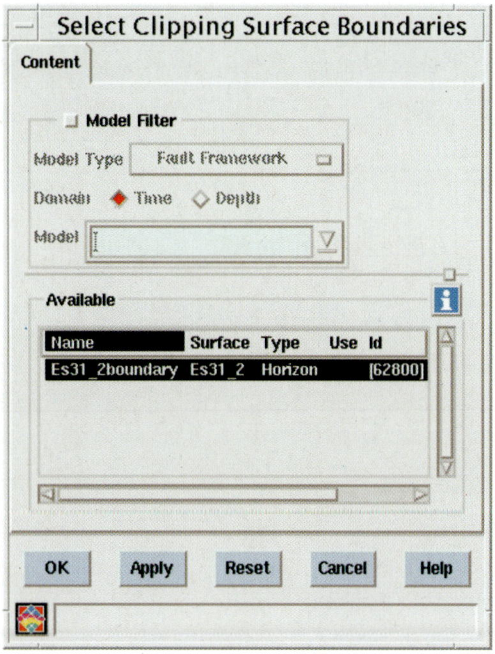

图 3－29　Clipping Surface Boundaries 对话框

2. 厚度图成图：Basemap→Gridding→Iso Gridding and Contouring(图 3－31)。

Domain：Time；

Upper Surface：选择目的层位顶层名；

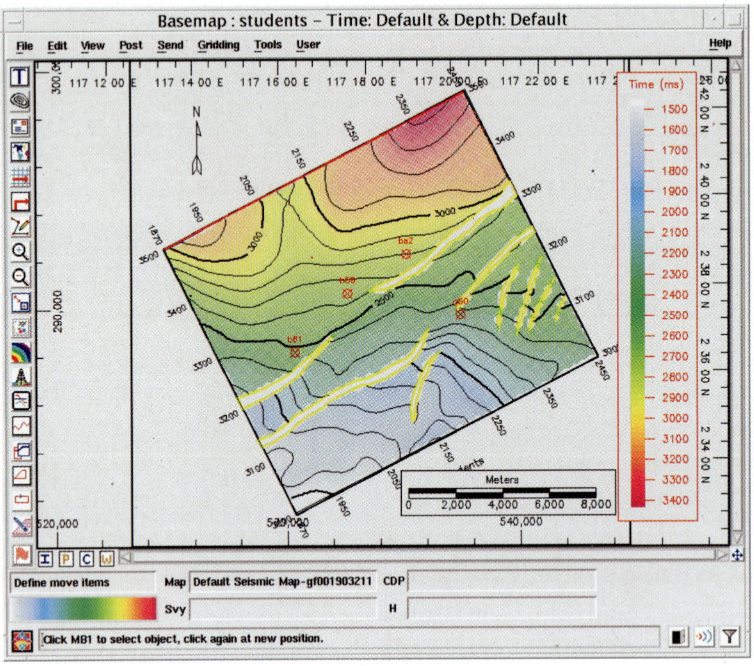

图 3－30　层位构造图

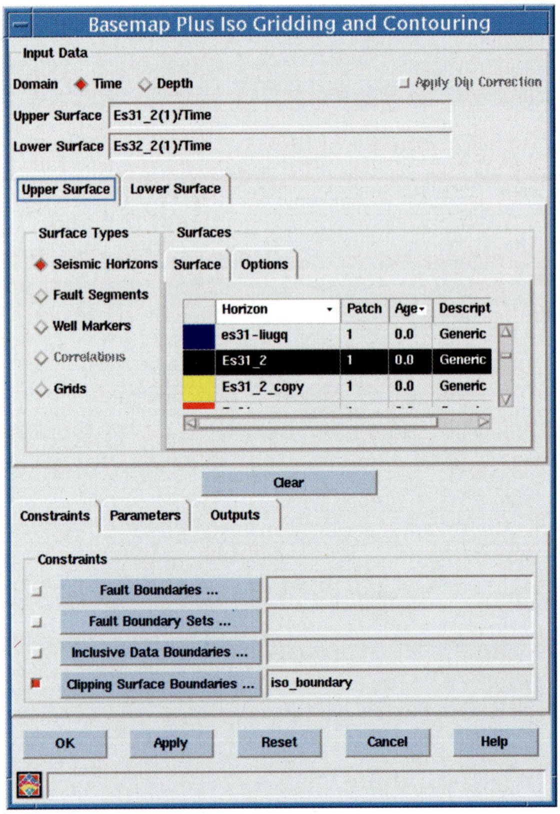

图 3－31　Iso Gridding and Contouring 对话框

Lower Surface：选择目的层位底层名；

Clipping Surface Boundaries：选择层位展布范围的 iso_boundary(图 3－32)；

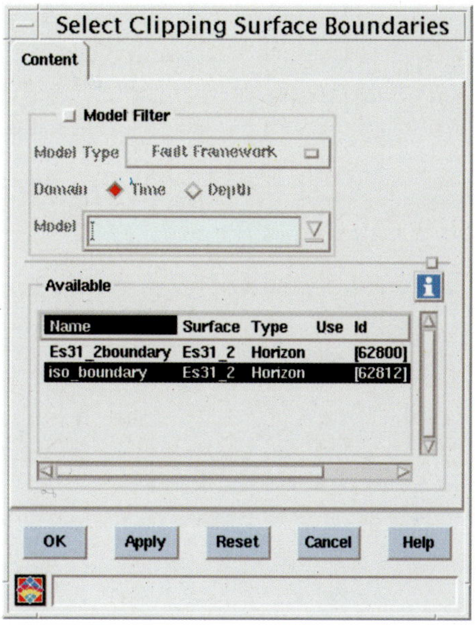

图 3－32　Clipping Surface Boundaries 对话框

Parameters：通过网格及等值线参数可以设置其光滑度、间距等参数；

Output：可设置自动显示和自动保存。

以上设置完成之后，点击 Apply 即可生成该目的层的厚度图(图 3－33)。

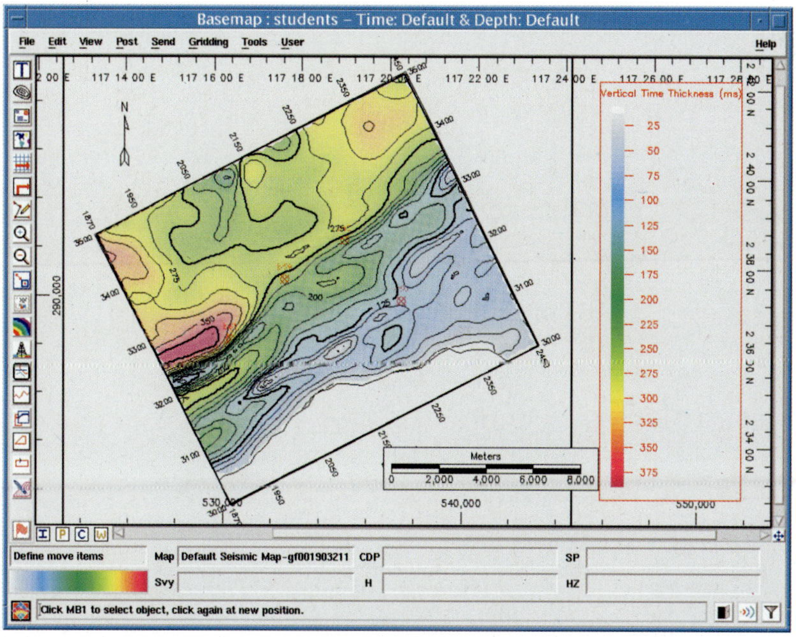

图 3－33　地层厚度图

3.7　地震属性原理及成图步骤

地震属性(seismic attribute)指那些由叠前或叠后地震数据,经过数学转换而导出的有关地震波的几何学、动力学、运动学或统计学特征的特殊度量值。

振幅类属性包括瞬时振幅、均方根振幅以及最大能量、平均能量等及其衍生的一系列属性,其作用能反映流体的变化、岩性的变化、储层孔隙度的变化,用于地层岩性相变分析,计算薄砂层厚度,识别亮点、暗点,指示烃类显示,识别火成岩等特殊岩性。

频率类属性包括瞬时频率、主频以及带宽、波数等及其衍生的一系列属性,其作用可揭示裂缝发育带、含气吸收区、调协效应、岩性或吸收引起的子波变化。

相位类属性包括瞬时相位等及其衍生的一系列属性,其作用可确定地层的接触关系。

地震属性提取操作步骤(以均方根振幅为例)如下。

1. 在地震属性提取之前应对所用层位进行层插值:Basemap→Tools→Horizon Functions,打开层插值窗口(图 3-34),注意在进行层插值前应备份原始层位。

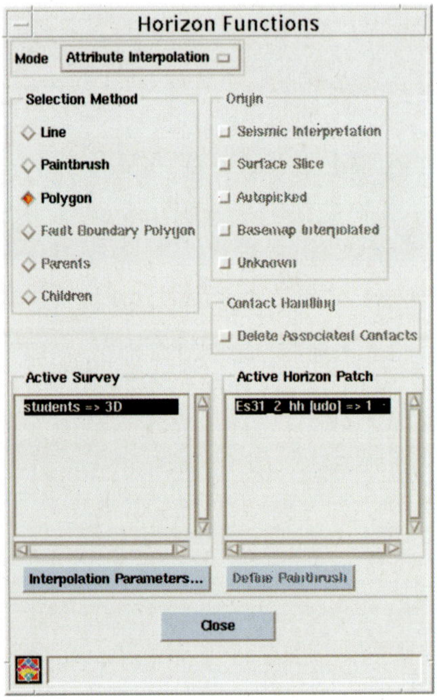

图 3-34　层位插值窗口

2. 启动地震属性提取模块:Application→Seismic→Seismic Attribute Toolkit,进入地震属性提取界面(图 3-35)。

Model: Time;

Survey: 选择需要进行属性分析的 Survey、Class 以及进行属性分析的范围(图 3-36)。

3. Horizon Attribute (CSA)→Computed Seismic Attributes→RMS Amplitude 进入均方根振幅提取对话框。

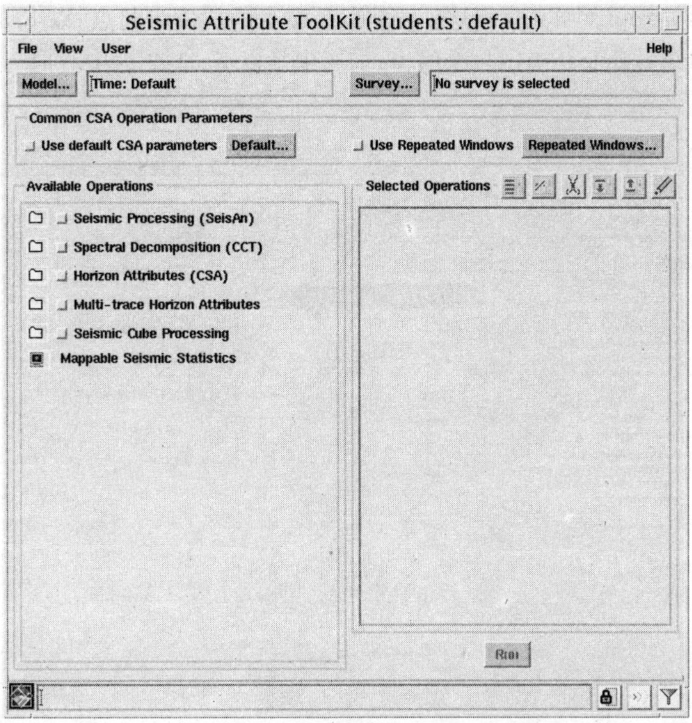

图 3-35 Seismic Attribute ToolKit 对话框

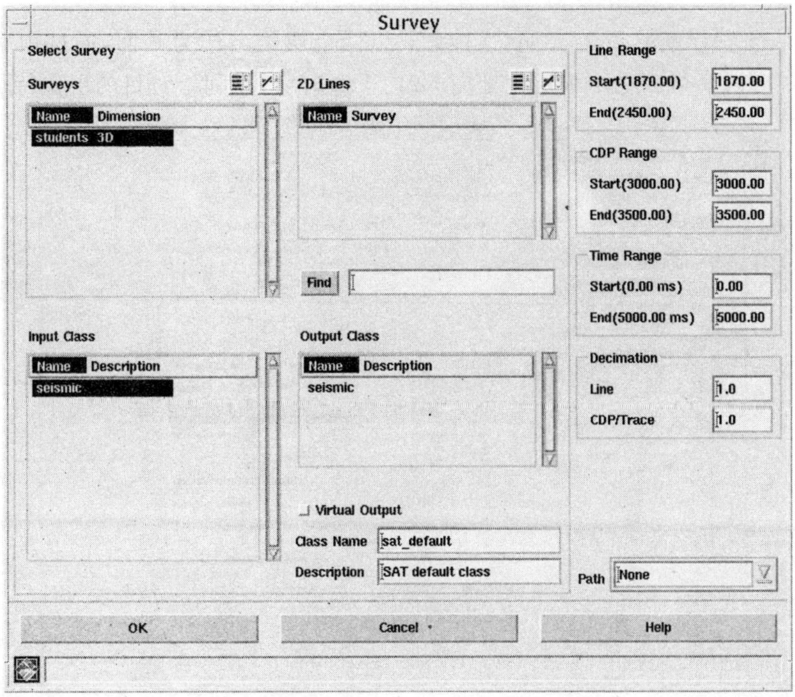

图 3-36 属性提取 Survey 参数设置

4. Windows Specification 提供了 3 种纵向上提取属性的方式。

(1)Single Horizon(图 3－37):这种方式以一个目的层位为起点,以 Es31_2 为基准面,通过 Direction→Above/Below 确定一个时窗,如图中是以 Es31_2 为中心向上、向下各开 100ms 共 200ms 的时窗。

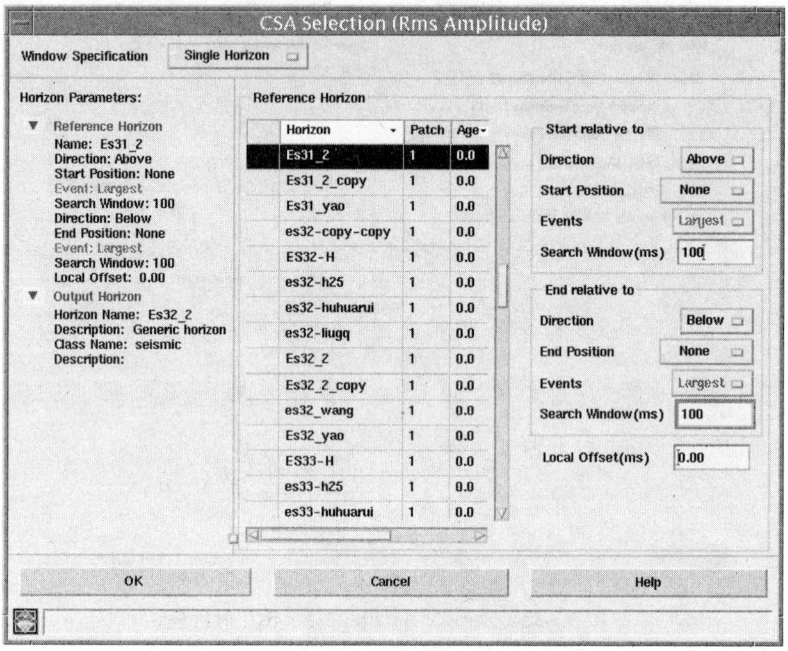

图 3－37　Single Horizon 地震属性提取对话框

(2)Horizon-Horizon(图 3－38):这种方式以两个层位名作为基面,通过顶底层位确定时窗。另外这种方式还可以在两个层位处向上/向下开时窗,以利于对目的层位特征的研究。

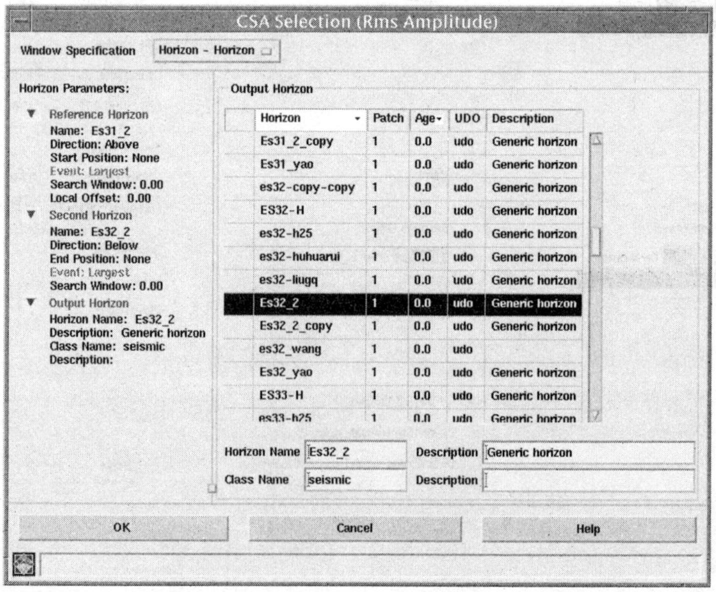

图 3－38　Horizon-Horizon 地震属性提取对话框

(3)Z－Z(图 3－39)：这种方式不依靠层位，可以根据 Start Time 和 End Time 设定时窗。如图中所设定的时窗为纵向上 100～500ms。本次以 Horizon-Horizon 为例。

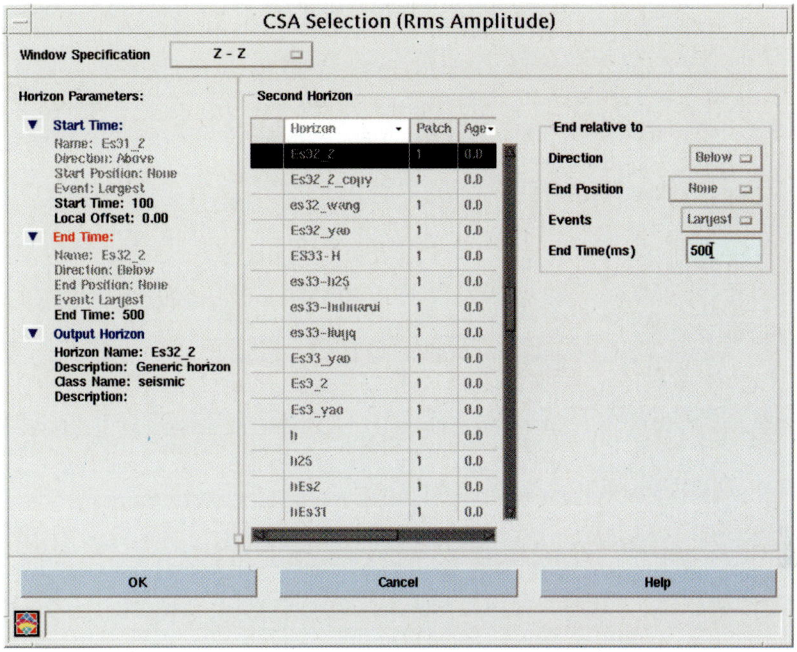

图 3－39　Z-Z 地震属性提取对话框

5. 选定目的层位的顶底界面 Es31_2_hh 和 Es32_2_hh，输出层位选择 Es32_2_hh(输出层位可自行命名)(图 3－40)。设定完成之后，点击 OK，进入 Seismic Attribute ToolKit，点击 run。

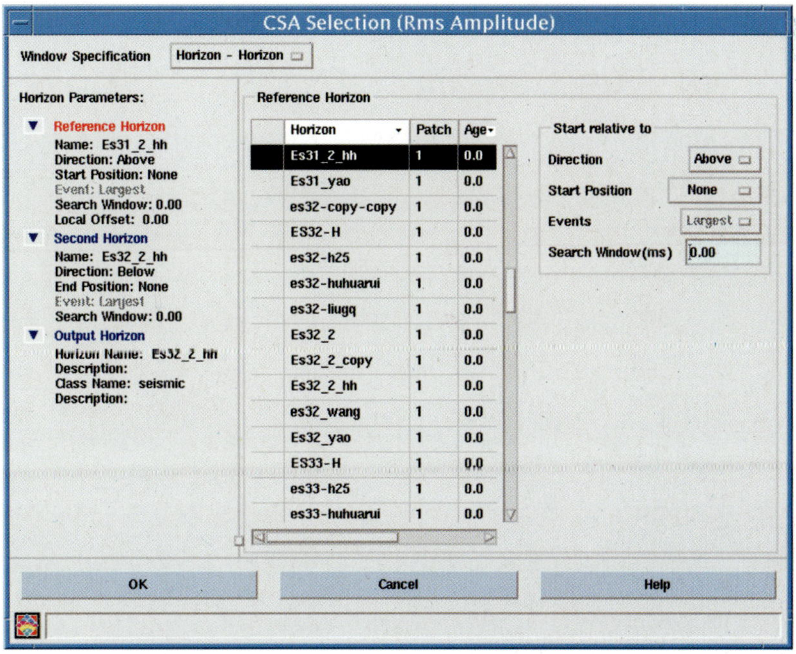

图 3－40　Horizon-Horizon 方式提取 RMS 振幅

6. 地震属性的显示，Basemap→Post→Interpretation→Horizon，选择属性输出的层位名，Attribute 选择属性名如图 3－41 所示，地震属性显示如图 3－42 所示。

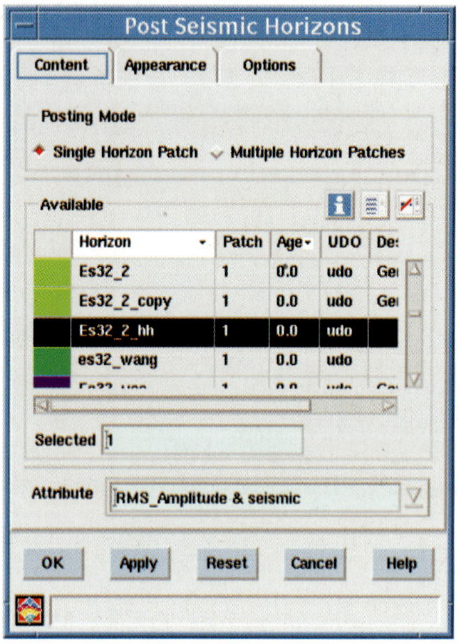

图 3－41　地震属性的显示方法

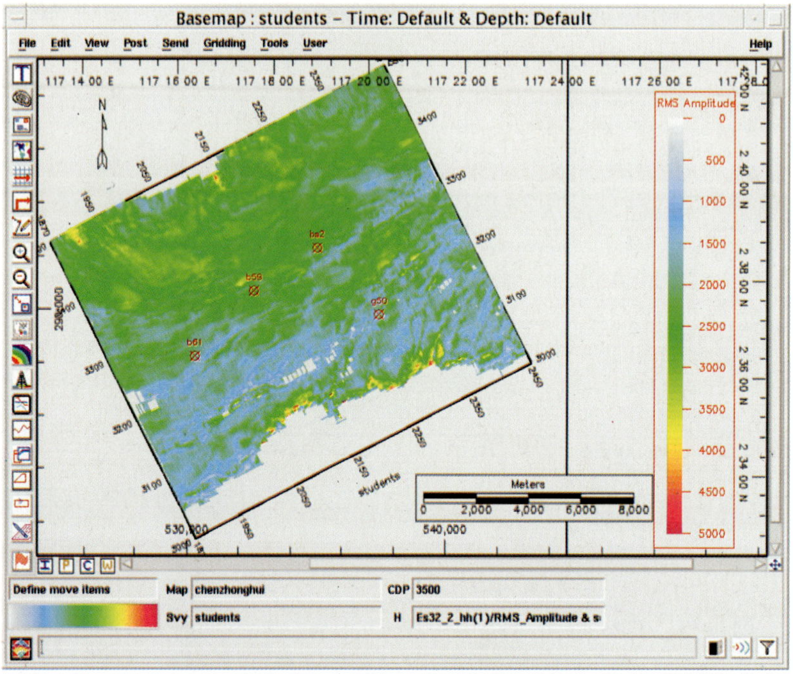

图 3－42　地震属性 RMS 振幅的平面显示

附录　工作站常用命令

(0) pwd　　显示当前目录

(1) cd　　改变当前目录

cd...

cd/home/users/jasonl

(2) ls　　列出当前目录下的文件目录和文件

选项：　一1　长格式列出

　　　　一a　列出所有的文件和目录，包括隐含文件

例如：

　　ls

　　ls一al

(3) mkdir　在当前目录下定义文件目录

mkdir　sd_data

ls-al

drwxr-xr-x　jasonl jasonl 512Apr14 08:25 sd_data

-rw-r--r--　jasonl jasonl 33 Apr 14 08:25 well.las

(4) chmod　更改文件或目录的存取权限

chmod　777 sd_data　或　chmod ugo＋rwx sd_data

(5) cp　拷贝文件或目录

cp file1 file2　　　将 file1 拷贝到 file2

cp -r sd_data　sd_dir　　　将 sd_data 拷贝到 sd_dir

(6) rm　删除文件或目录

rm　file2

rrn -r　sd_dir

(7) mv　更改文件名

rm file2 newname

(8) find　　查找文件

find dir -name filename -print

如:find/home/users -name "c＊.txt"-print

(9) ps　　显示当前进程

ps -ef

其中

UID　　用户名

PID　　进程号

PPID 父进程
C 与 CPU 占用时间有关的参数
STIME 进程开始的时间
TTY 与进程有关的终端
CMD 命令名及参数

(10) kill 删除进程
kill -9 进程号(PID)

(11) du 查看文件或目录所占用的磁盘空间
du -k (以 kb 为单位显示)

(12) df 查看文件系统所占用的磁盘空间
df -k (以 kb 为单位显示)

显示格式

filesystem	kbytes	used	avail capacity	mounted on
文件系统名	分配大小	已用多少	还余多少	挂接点

(13) tar 文件或目录备份
tar -cvf name.tar name (将 name 备份到 name.tar 中)
tar -xvf name.tar (将 name.tar 恢复到当前目录下)
tar -cvf /dev/rmt/0 name (将 name 备份到磁带上)

(14) su 进入超级用
su Root
passwd 超级用户口令
exit 退出超级用户

(15) chown 更改文件或目录属主
chown [-R] owner file[directory]

(16) chgrp 更改文件或目录属组
chgrp [-R] group file [directory]

(17) hostname 查询机器名
hostname
如:dell390a

(18) more 查阅文本文件
more file

(19) vi 编辑文本文件
vi file

(20) setenv 设置环境变量(大写)
setenv DISPLAY 10.10.10.118:0

参考文献

池英柳,赵文智. 渤海湾盆地新生代走滑构造与油气聚集[J].石油学报，2000，21(2):14～20.

林畅松，潘元林，肖建新，等.中国东部中新生代断陷盆地幕式裂陷过程的动力学响应和模拟模型[J]. 地球科学——中国地质大学学报，2004，29 (5) :583～588.

凌云研究院. 基本地震属性在沉积环境解释中的应用研究[J].石油地球物理勘探,2003,38(6):642～653.

孙家振，李兰斌. 地震地质综合解释教程[M]. 武汉：中国地质大学出版社，2002.

孙永河，漆家福，吕延防，等. 渤中坳陷断裂构造特征及其对油气的控制[J].石油学报，2008,29(5):669～675.

王永刚,乐友喜,张军华.地震属性分析技术[M].东营:中国石油大学出版社，2007.

徐怀大,王世凤,陈开远. 地震地层学解释基础[M].武汉：中国地质大学出版社,1990.

徐长贵，于水，林畅松，等. 渤海海域古近系湖盆边缘构造样式及其对沉积层序的控制作用[J]. 古地理学报，2008,10(6):627～635.

张建宁，于建国. 地震属性应用中的不确定性分析[J]. 石油物探，2006,45(4):373～379.

C. K. Wilgus，H. W. Posamentier，B. S. Hasting，*et al*.(Eds). 徐怀大，魏魁生，洪卫东等译. 层序地层学原理(海平面变化综合分析)[M].北京：石油工业出版社，1993.

O. Catuneanu. Principles of sequence stratigraphy[M]. Amsterdam：Elsevier，2006.

H. W. Posamentier，G. P. Allen. Variability of the sequence stratigraphic model：Effects of local basin factors[J]. Sedimentary Geology，1993，86：91～109.

H. W. Posamentier，W R. Morri. Aspects of stratal architecture of forced regressive deposits，in D. Hunt and R. L. Gawthorpe，eds.，Sedimentary responses to forced regressions[C]. Geological Society (London) Special Publication，2000，172:19～46.

H. W. Posamentier，M. T. Jervey，P. R. Vail. Eustatic controls on clastic deposition I-Conceptual framework，in C. K. Wilgus，B. S. Hastings C. G. St. C. Kendall，H. W. Posamentier，C. A. Ross，and J. C. Van Wagoner，eds.，Sea-level changes：An integrated approach[C]. SEPM Special Publication，1988，42：109～124.

P R. Vail，R M. Mitchum，S. Thompson. Seismic stratigraphy and global changes of sea level，in C. E. Payton，ed.，Seismic stratigraphy-Applications to hydrocarbon exploration[M]. AAPG Memoir，1977，26：83～97.

P R. Vail，Todd. Northern North Sea Jurassic unconformities chronostrtigraphy，and sea-level changes from seismic stratigraphy. in L. V. Illing，and G. D. Hudson，eds.，Petroleum geology of the continental shelf of northweast Europe[J]. London，Institute of Petroleum，1981，216～235.

P R. Vail. Seismic stratigraphy interpretation using sequence stratigry，part 1：seismic stratigraphy interpretation procedure，in A. W. Bally，ed.，Atlas of Seismic Stratigraphy[M]，AAPG Studies in Geology，1987，27：1～10.

参考文献